Francesco und José De Giorgio

Equus Lost?

Ein neues Verständnis für die wahre Natur der Pferd-Mensch-Beziehung ...

... VERSTEHEN STATT DOMINANZ

Den Pferden gewidmet, die uns auf unserem Lebensweg begleiten: Pioggia, Marea, Ninfa, Onda, Topazio, Fulmine, Falò, Sparta

Haftungsausschluss
Autoren und Verlag haben den Inhalt dieses Buches mit großer Sorgfalt und nach bestem Wissen und Gewissen zusammengestellt. Für eventuelle Schäden an Mensch und Tier, die als Folge von Handlungen und/oder Beschlüssen aufgrund der gegebenen Information entstehen, wird keine Haftung übernommen.

Sicherheitstipp
Beachten Sie im Umgang mit Pferden stets die üblichen und allgemein bekannten Sicherheitsmaßnahmen. Zu Ihrem Wohl und zum Wohle des Pferdes!

IMPRESSUM

Copyright © 2021 Cadmos Verlag GmbH, München

Covergestaltung: Gerlinde Gröll, www.cadmos.de
Gestaltung Kern und Satz: Markus Bürger
Übersetzung: Agnes Trosse
Lektorat: Agnes Trosse
Wissenschaftliches Korrektorat: Sparta Association - Reingard Spannring, Susanne Weis
Bilder: Learning Animals
Fotos am Umschlag: Shutterstock/Jozef Klopacka (Cover), Shutterstock/Ivailo Nokolov (Rückseite)

Druck: www.graspo.com

Deutsche Nationalbibliothek – CIP-Einheitsaufnahme
Die Deutsche Nationalbibliothek verzeichnet diese Publikation in der Deutschen Nationalbibliografie; detaillierte bibliografische Daten sind im Internet über http://dnb.ddb.de abrufbar.

Alle Rechte vorbehalten.

Abdruck oder Speicherung in elektronischen Medien nur nach vorheriger schriftlicher Genehmigung durch den Verlag.

Printed in EU

ISBN: 978-3-8404-1090-1

Originalausgabe:
Comprendere il cavallo. Un viaggio per conoscerne la mente e le emozioni.
Copyright © (2017) Giunti Editore S.p.A., Firenze-Milano
www.giunti.it

Foto: Schutterstock/Jozef Klopacka

Inhalt

Equus Lost? 1
Inhalt 7
Hinweis für den Leser 9
Einleitung 13

Erster Teil: Das unsichtbare Pferd 17
   Was ist Kognition? 18
   Kognition ist natürlich 22
   Sich selbst erfüllende Prophezeiungen 30
   Zeit für Veränderung 35

Zweiter Teil: Ein Leben ohne Druck 47
   Die partnerschaftliche Herde 48
   Der Mythos von der Hierarchie
   in der Herde 52
   Kognitive Essenz 59
   Der mentale Käfig der Konditionierung 66

Dritter Teil: Gemeinsam wachsen 87
   Grundlagen für den Dialog finden 89
   Der soziokognitive Ansatz:
   Gemeinsam lernen 94
   Von der Leistung zur Beziehung 105
   Co-Learning: Die Zukunft gestalten 115
   Jenseits der Horizonte 123

Anhang 133
   Über die Autoren und ihr Institut „Learning Animals" 135
   Abstract 138
   Quellennachweis 145
   Stichwortregister 150

Hinweis für den Leser

Zu oft unsichtbar – das „andere" Pferd, das kognitive Pferd.
Dieses Buch nimmt dich mit auf die Suche nach diesem versteckten Pferd, auf eine Reise, die es dir ermöglicht, das Pferd aus einer anderen Perspektive zu betrachten. Wir möchten dir zeigen, wie du dein Pferd aus soziokognitiver Sicht betrachten und so ein besseres Verständnis sowie ein tieferes Bewusstsein für die Wahrnehmungswelt des Pferdes erlangen kannst. Beides ist wichtig für das Wohlbefinden des Pferdes sowie für ein gesundes, auf Gegenseitigkeit beruhendes Verhältnis zwischen Pferd und Mensch.
Die in diesem Buch vorgeschlagenen Ideen basieren auf dem Modell des soziokognitiven Lernens (das SCL-Modell) von Dr. Francesco De Giorgio, das seine Wurzeln in einem kognitiv-konstruktivistischen Rahmen hat. Dieser ist dadurch gekennzeichnet, dass Pferde, Hunde und Tiere im Allgemeinen ihren eigenen Weg des Dialogs mit der Welt finden und durch kognitives Lernen subjektive Realitäten schaffen, sich so von Training und Konditionierung emanzipieren und dadurch ihr angeborenes kognitives Erbe erhalten bzw. wiederherstellen können. Das Modell wurde von José De Giorgio-Schoorl für das persönliche und berufliche Wachstum von Menschen im Umgang mit menschlichen und nichtmenschlichen Tieren übertragen. Dieses soziokognitive Modell wird in mehreren Ländern auf beruflicher Ebene angewendet in den Bereichen Tierethik, Tierschutz, menschliche/nichtmenschliche Interaktion, menschliche Bildung und wissenschaftliche Innovationen. Das SCL-Modell wird bei Learning Animals gelehrt, dem Internationalen Institut für Forschung und Entwicklung von Tierethik, interspeziesistischer Interaktion und antispeziezistischer Ethologie *(www.learninganimals.com)*.

WAS DU SONST NOCH FINDEN WIRST

Im Laufe des gesamten Buches wirst du Geschichten, Erzählungen, Abenteuer und Fantasie-Beschreibungen aus dem persönlichen Alltag von Francesco De Giorgio finden – sowie Berichte über Lebensentscheidungen, die ihn von klein auf begleitet und geleitet haben. Ein Leben voller Erkenntnis, Emotionen und Beziehungen in Koexistenz mit anderen Tieren, die er heute insbesondere mit seiner Frau José, Mitautorin dieses Buches, und den Tieren, die mit den beiden leben, teilt.

Diese Lebenserfahrungen sind entscheidend, um die Konzepte, deren Ursprung, Bedeutung und Werte zu verstehen, die die Reise dieser beiden Autoren – und all jener Menschen, die sich für ihre Kernbotschaft interessieren – so wichtig und nachhaltig macht.

Das Modell des soziokognitiven Lernens sorgt für eine kulturelle Transformation. Es ermöglicht die Wiederentdeckung und Analyse von Beziehungen zwischen menschlichen und anderen Tieren aus einem Verständnis und einer Perspektive heraus, die bisher undenkbar waren. Dank der kontinuierlichen wissenschaftlichen Beiträge von Francesco und José, die sie zudem noch täglich in die Praxis übertragen, fasziniert dieses Studienfach heute Menschen aus allen Ländern der Welt. Ein gründliches Verständnis dieses Gebiets erfordert jedoch, dass der Mensch sich in der Mensch-Tier-Beziehungsdynamik nicht mehr als zentrale Referenz versteht. Dadurch entsteht ein völlig neuer Standpunkt, von dem aus wir in den Austausch und Dialog eintauchen und so auf eine gegenseitige Verständigungsebene gelangen können – als Tier unter Tieren.

EIN HILFREICHES GLOSSAR

Beim Lesen wirst du vielleicht auf einige Begriffe stoßen, die in der traditionellen Reiterszene selten verwendet werden. Hier erklären wir deshalb kurz, was Francesco und José meinen, wenn sie bestimmte Wörter verwenden, um ihre Forschung, ihre Position und ihre Theorien zu erklären:

Affiliativ: Verhalten, das den Gruppenzusammenhalt fördert (freundliche/positive Gesten).
Agonistisch: mit Konflikt verbunden.
Anthropozentrisch: den Menschen in den Mittelpunkt stellend
Automatismen: spontane Reaktionen oder Verhaltensweisen.
Behaviorismus: Theorie der Wissenschaft des menschlichen und tierischen Verhaltens. Das Gehirn wird dabei als „Black Box" angesehen, deren innere Prozesse nicht von Interesse sind. Verhalten wird als Ergebnis von verstärkenden und abschwächenden Faktoren aufgefasst.
Deterministisch: ein Ansatz, der vorschlägt, dass jedes Verhalten durch Vorhergegangenes verursacht wird und somit vorhersehbar ist.
Dialogisch: sich auf den Dialog beziehend oder durch diesen gekennzeichnet sein.

Hierarchischer Fokus: Tendenz, sich auf die Rangordnung zu konzentrieren.

Hybridisierung: Erfahrungen mischen; eine Erfahrung teilen, inspiriert werden durch die Wahrnehmung und den Standpunkt eines anderen.

Kognition, kognitiv: Gesamtheit aller Prozesse, die mit dem Wahrnehmen und Erkennen zusammenhängen, kognitiv: das Wahrnehmen, Denken, Erkennen betreffend

Komplementarität: sich gegenseitig ergänzend

Limbisches System: besteht aus Gehirnstrukturen, die an Emotionen beteiligt sind. Zu diesen Strukturen gehören die Amygdala, der Hippocampus und der Thalamus.

Propriozeption: Sinnesinformationen, die zum eigenen Empfinden, zu Körperhaltung und Bewegung beitragen.

Reduktionistisch: die Praxis der Vereinfachung einer komplexen Idee, eines Problems und Bedingung.

Speziesismus/Antispeziesismus: Speziesismus beinhaltet die Zuordnung verschiedener Werte, Rechte oder besondere Rücksichtnahme sowie die moralische Diskriminierung von Lebewesen ausschließlich aufgrund ihrer Artzugehörigkeit. Vertreter des Antispeziesismus sprechen sich deshalb für eine Ausweitung der Ablehnung aller Diskriminierung aus und stellen den Speziesismus dem Sexismus und Rassismus gleich.

Soziokognitiv: Kognition ist Teil eines Individuums – eines Subjektes, das Informationen braucht, um seine eigenen Entscheidungen zu treffen. Die Möglichkeit, Informationen aufzunehmen, zu verarbeiten und zu produzieren bedeutet, sich weiterzuentwickeln, Kongruenz mit sich selbst zu erreichen, Selbst-Erfahrung und Selbst-Bewusstsein zu erleben, und steht im Kontrast zur Reaktion einer neo-behavioristischen Maschine. Gefühle des Wohlergehens gehören nicht einem Gehirn oder einem physiologischen System, sondern einem Tier als Ganzem. Für soziale Tiere wie Pferde bedeutet dies, in einer gemeinsamen Kultur zu wachsen, in einer kontinuierlichen Evolution des gemeinsamen Lebens.

Trost: Versöhnendes Verhalten und Teil der Kategorie der Zugehörigkeits-Verhaltensweisen.

Einleitung

Dieses Buch ist kein Handbuch. Es gibt viele Handbücher über Pferde und darüber, wie sie eingesetzt und auf welche Art und Weise sie ausgebildet und konditioniert werden.
„Equus Lost?" widmet sich Pferden als fühlenden und soziokognitiven Lebewesen, ihrer Wahrnehmungswelt, ihrem Wissenserwerb, ihrem Verständnis für die Umwelt und ihren sozialen Fähigkeiten untereinander und gegenüber dem Menschen. Dieser Blickwinkel ist notwendig, da das Verhalten von Pferden bisher nach konventionellen Denkschemata hauptsächlich im Kontext von Behaviorismus und klassischer Ethologie (der wissenschaftlichen und objektiven Untersuchung des Verhaltens von Tieren) erklärt wurde. Diese Interpretationen haben die Art und Weise geprägt, wie wir Pferde betrachten und wie wir ihr Verhalten erklären, sowohl im Zusammenleben als auch in ihrer Beziehung zu Menschen.
Im täglichen Leben verursachen viele Dinge – fälschlicherweise als selbstverständlich angesehen – all die Missverständnisse, denen Pferde täglich mit Menschen auf der ganzen Welt begegnen und umgekehrt.
Die Art und Weise, wie Pferde im sozialen Kontext leben, wie sie daraus lernen und wie sie Informationen aus ihrer Umgebung und ihren Interaktionen sammeln, wird häufig immer noch als unwichtig bewertet, was zu einem Mangel an angemessenem Verständnis für ihr Wohlbefinden führt. Wir müssen von einem kognitiven Standpunkt aus ein besseres Verständnis für die Pferde entwickeln, um Wissen und Erkenntnisse zu bieten, die ihr Wohlbefinden verbessern und mehr Transparenz in der Beziehung zwischen Pferd und Mensch ermöglichen. Dieses Buch ermutigt dich dazu, viele Überzeugungen, die von Generation zu Generation in der Pferdekultur weitergegeben wurden, über Bord zu werfen, weil gerade diese Überzeugungen unsere Wahrnehmung trotz bester Absichten einschränken. Es lädt dich ein, Dinge von einem anderen Standpunkt aus zu betrachten und so das individuelle und soziale Verhalten von Pferden, ihre emotionalen Bedürfnisse, ihre sozialen Kontakte untereinander und ihre soziale Beziehung zum Menschen, anders einordnen zu können.
Eine solch neue Wahrnehmung ermöglicht es dir, deinen Horizont zu erweitern und ein Bewusstsein zu entwickeln, das zeigt, dass du lernen kannst, dir der Welt der Pferde und deren Dialog, mit allem, was sie umgibt, bewusst zu werden. Dieser Lernprozess, Dinge anders zu betrachten, ermöglicht die Entwicklung eines neuen Verständnisses. Noch wichtiger ist, dass darüber das Bewusstsein für die kognitiven Fähigkeiten des Pferdes in dein tägliches Leben einfließt, dein Wunsch, mehr darüber zu erfahren, gefördert wird und du dich auch mit philosophischen Fragen auseinandersetzen wirst.

Modell des soziokognitiven Lernens
(SCL-Modell)

Anthropozentrischer Ansatz

Die Beziehungen zwischen Tieren und jene zwischen Tieren und Menschen werden oft durch anthropozentrische Projektionen und Interpretationen erklärt.

„Equus Lost?" entführt dich in eine Dimension, in der Beziehungen frei von Spannungen sind – es geht weder um Führung noch um Dominanz oder andere Kontrollhypothesen. Es handelt sich um eine Dimension, die auf dem Wissen des sozial ausgeglichenen Geistes des kognitiven Pferdes basiert, das neugierig und angetrieben von seiner eigenen inneren Motivation ist, die Welt zu erforschen und zu verstehen, einschließlich seiner Beziehung zum Menschen. Dieses Buch zu lesen bedeutet, sich auf eine Reise zu begeben, um sich des tierlichen Verstandes sowie dessen Emotionen und Absichten bewusst zu werden. Vorgestellt werden das Konzept und die Prinzipien des soziokognitiven Modells, das die Elemente und Grundlagen der Entwicklung einer wechselseitigen Beziehung zwischen Pferd und Mensch sowie die Erkennung und Berücksichtigung der soziokognitiven Fähigkeiten des Pferdes erklärt.

Es ist keine leichte Reise, weil auf ihr viele der universellen Überzeugungen, von denen wir in unseren Beziehungen zu Pferden und anderen Tieren ausgehen, widerlegt werden. Sie wird uns dazu bringen, nicht nur uns selbst, unsere Automatismen und unser Routineverhalten im Umgang mit Pferden zu hinterfragen, sondern auch unsere Beziehungen im Allgemeinen.

Gleichzeitig schafft sie Raum für mehr Ausdruck, Inspiration und neue Einblicke. Tatsächlich kann diese Reise von großem Nutzen sein, insbesondere für Studenten, die etwas über Kognition, Emotionen und soziale Lernaspekte erfahren möchten, Lehrer, die ihren Schülern eine neue Sichtweise anbieten möchten, Pferdeliebhaber, die gerne mehr über interspeziesistische Beziehungen lernen möchten, Pferdebesitzer, die die soziokognitiven Herdendynamik verstehen möchten, Menschen, die an einer anderen Message interessiert sind, für Fachleute, die neugierig sind, welche Bedeutung kognitive Fähigkeiten und affiliatives Verhalten haben, für Pferdewissenschaftler, die einen Schritt weitergehen möchten im Hinblick auf Studien zur Lebensqualität von Pferden und Menschen, und für Menschen, die sich für die Entwicklungen des menschlichen Zusammenlebens mit anderen Tieren interessieren.

Die Reise zum Verständnis des „kognitiven Pferdes" hat bereits bei vielen Überraschung und Erstaunen ausgelöst, ein größeres Bewusstsein geschaffen, das Leben vieler Pferde und Menschen verbessert und es vielen Menschen ermöglicht, „ihren Weg zurückzufinden", um mit ihren Pferden authentischer zu sein. Dies ermöglichte es ihnen auch, „ein anderes Pferd" zu sehen: nicht das, was wir mit unseren anthropozentrischen Erwartungen und Projektionen erschaffen, sondern das, was immer da war und darauf wartete, dass wir unsere Prinzipien der

Herrschaft, Hierarchie und des Wunsches nach Kontrolle aufgeben und uns darüber klar werden, dass sie nur eine Illusion sind. Denn nur wenn wir verstehen, wie wir Raum für freien Ausdruck lassen, können wir den anderen als das wahrnehmen, was er ist und immer war.
Der Band ist in drei Teile gegliedert und wird von einem Anhang begleitet. Der erste Teil, „Das unsichtbare Pferd", erklärt, wie unsere menschlichen Überzeugungen und Hypothesen im Hinblick auf die Welt der Pferde unsere Urteile beeinflusst und das Pferd in vielerlei Hinsicht „unsichtbar" machen. Darüber hinaus zeigt dies, wie die große Anzahl anthropozentrischer Annahmen, die unsere derzeitige Wahrnehmung von Pferden stützen, uns einen Perspektivwechsel bei der Betrachtung von Beziehungsdynamiken erschwert. Der zweite Teil, „Ein Leben ohne Spannungen", präsentiert das soziokognitive Modell; es beschreibt, was passiert, wenn ein Pferd in einem soziokognitiven Kontext aufwächst und wie dies die Beziehungen zwischen Pferden und die zwischen Pferden und Menschen beeinflussen kann. Es werden auch praktische Beispiele für Pferde und Menschen gegeben, die es schaffen, „zu einer dialogischen und authentischen Beziehung zurückzukehren". Im dritten Teil, „Gemeinsam wachsen", werden menschliche Aspekte beschrieben sowie das Bewusstsein, das zum Verständnis der Dynamik der Beziehung zwischen Pferd und Mensch erforderlich ist, wobei der innere Zustand beider berücksichtigt werden muss. Er handelt davon, Gewohnheiten und Denkmechanismen loszulassen, die in unserer Interaktion mit Tieren Erwartungen wecken. Dies hilft uns auch zu verstehen, wo das Dominanzproblem beginnt und wie wir von der Notwendigkeit der Kontrolle zum Verständnis des Kontakts übergehen können. In diesem Zusammenhang wird erklärt, wie wichtig es ist, eine Liebe zum Detail zu entwickeln und wieder ein besseres Bewusstsein für unsere Sinne zu schaffen.

Augenblicke und Erfahrungen mit Pferden zu teilen bedarf eines Raums für Ausdruck wie auch des Verständnisses für Nuancen in Beziehungsdynamiken und Verhalten. Weder Herdendynamiken noch einzigartige Pferd-Mensch-Beziehungen sind durch hierarchische Protokolle bestimmt, sondern hängen von der Umgebung, innerer Motivation, dem sozialen Kontext früherer Erfahrungen und vielen anderen Faktoren ab. Das macht jede Beziehung zu einer lebenslangen Reise aus gemeinsamen Erfahrungen und Entdeckungen.

Vielen Dank für dein Interesse und dafür, dass du dich um das kognitive Pferd kümmern möchtest.

Francesco und José De Giorgio

ERSTER TEIL
Das unsichtbare Pferd

In der Welt der soziokognitiven Fähigkeiten von Pferden gibt es noch viel zu erforschen, das den gegenwärtigen anthropozentrischen Standpunkt in der Beziehung zwischen Pferd und Mensch verändern wird. Am Horizont können wir diese weitreichenden Veränderungen schon sehen!

Was ist Kognition?

AUF DER SUCHE NACH DEM PFERD

Es ist früh an einem Spätsommermorgen. Auf den steilen Hügeln des Monte Cairo im südlichen Latium in Italien, wo die Wälder sich lichten, um der kargeren Vegetation in höheren Lagen Platz zu machen, steigt die Temperatur bereits. Es wird wieder ein heißer Tag.

Während eines Sommerbesuchs in dieser Region Italiens beobachteten wir auf den riesigen Hochebenen die Esperia-Ponys, die hier in dieser Region Italiens seit Jahrhunderten auf weitläufigen Plateaus leben. Sie sind extremen Wetterbedingungen ausgesetzt und teilen sich ihren Lebensraum mit Wölfen, deren Heulen allgegenwärtig ist. Im Winter, wenn viel Schnee fällt, ziehen die Ponys in die Täler, um Schutz und Futter zu suchen. Ähnlich ist es im Sommer, wenn zur heißesten Tageszeit hohe Temperaturen sogar die höheren Berggipfel erreichen. Dann müssen die Pferde die weiter oben gelegenen Gebiete verlassen, um Schatten zu finden. Obwohl sie einen Teil ihrer täglichen Wasserversorgung aus dem Morgentau beziehen, sind sie gezwungen jeden zweiten Tag auch in tiefer gelegenen Gebieten nach Wasserstellen zu suchen, wenn die höher gelegenen Reserven aufgebraucht sind.

Zwischen den Felsen und Bäumen verläuft ein steiler, gewundener Pfad, und die Hufabdrücke der Pferde, die diese Pfade nutzen, sind selbst auf diesem karstigen Untergrund deutlich sichtbar: Spuren der Esperia. Die Beschaffenheit des Bodens ist einer der Gründe, warum es zu dieser Jahreszeit schwierig ist, hier Wasser zu finden. Jeder einzelne Regentropfen, der darauf fällt, versickert im Boden, bevor er durch unterirdische Senklöcher und Bäche zu verborgenen Höhlen gelangt.

Die in dieser Gegend lebenden Tiere sind sich dieser Dürre bewusst und sind in der Lage zu entscheiden, wann und wo nach Wasser gesucht wird. Ihre Fähigkeit zur Problemlösung muss voll funktionsfähig sein.

Wir sitzen auf einer Lichtung, unweit des Waldrandes, als wir plötzlich das Klappern von Hufen auf Steinen hören, das von irgendwo hinter der höheren Baumreihe kommt. Dann, viel näher, bewegen sich Zweige und zwei Pferde erscheinen. Es handelt sich um ausgewachsene Stuten, stark und robust, mit dem für diese Rasse typischen glänzenden dunklen Fell. Sie halten an, um uns beide, die wir regungslos einige Meter vom Pfad entfernt sitzen, zu beobachten. Hinter den beiden machen sich weitere Pferde bemerkbar. Sie müssen auf der Suche nach einer Wasserstelle irgendwo weiter unten am Pfad sein. Ein paar Minuten vergehen. Sie bewegen sich etwas weiter vorwärts, gefolgt vom Rest der Familie, und halten dann noch einmal an, um weiter zu beobachten. Kein Schnauben oder Kopfbewegungen, und ihre Körper zeigen keine Anzeichen von Spannung. Nur eine überlegte Beobachtung der menschlichen Präsenz – einem unbekannten Element in einer bekannten Umgebung.

Sie befinden sich in einem Entscheidungsprozess, ob sie ihre Suche nach Wasser fortsetzen wollen oder nicht. Nichts passiert und Minuten wirken wie eine Ewigkeit. Dann beschließen die beiden Stuten, sich langsam umzudrehen. Die anderen Familienmitglieder tun dasselbe, einer nach dem anderen, so wie die Entscheidung weitergetragen wird, und verschwinden wieder zwischen den Bäumen.

Aber dann entstehen plötzlich auf einer Seite der Gruppe andere Bewegungen: Eine recht alte Stute erscheint. Sie ist sichtlich schwach und kann sich nur noch mit viel Mühe bewegen. Sie wählt die der Gruppe entgegengesetzte Richtung, kommt auf uns zu und schreitet an uns vorbei. Ihr Körper ist von den Erfahrungen eines Lebens alt und verbraucht, aber ihr Blick ist lebendig und ruhig, und so blickt sie uns auch an. Sie ist sich unserer Präsenz bewusst, lässt sich davon aber nicht beeinflussen und setzt ihren Weg langsam fort. Die anderen Pferde scheinen für einen Augenblick unentschlossen: Sie sehen der alten Stute nach, sie sehen uns an, sie beobachten den Weg und den Wald hinter ihnen. Dann wenden sie sich wieder gemeinsam um, folgen der alten Stute und nehmen ebenfalls den Pfad an uns vorbei zur Wasserstelle im Tal. Einige der neugierigeren Pferde sehen uns an, andere nicht. Nachdem sie ihre Meinung geändert haben, folgen sie nun ihrem ursprünglichen Pfad an uns vorbei und bewegen sich gemeinsam der inneren Motivation der alten, fragilen Stute folgend.

Esperia-Ponys sind eine alte italienische Rasse unbekannter Herkunft. Sie sind den Pferden der Samniter sehr ähnlich, einer italienischen Bevölkerungsgruppe, die jahrhundertelang gegen die alten Römer kämpfte.

Die Esperia spielten eine wichtige Rolle für das Verständnis des Verhaltens von Pferden sowie ihrer sozialen Dimensionen und kognitiven Fähigkeiten. Der natürliche Lebensraum der Esperias sowie ihre täglichen Interaktionen miteinander und mit der Umwelt haben es dieser Rasse ermöglicht, eine kognitive Essenz zu bewahren. Sie reagieren nicht einfach, ohne zuerst über die Situation nachzudenken. Diese Pferde waren für uns daher in den ersten Studien zum Verständnis von Mindmapping und räumlicher Wahrnehmung von Equiden essenziell und ermutigten uns zu weiteren Studien im Hinblick auf die Tier-Mensch-Interaktion. In der Tat verstärkten diese Ponys mit ihren Fähigkeiten zur Problemlösung und ihren ruhigen Entscheidungsfindungen den Wunsch, das uns so oft „verborgene Pferd" zu verstehen und zu enträtseln. Sie machten sichtbar, dass Pferde kognitive Lebewesen sind und nicht nur reaktive Beutetiere, die durch das Paradigma „Kampf oder Flucht" gekennzeichnet sind.

EVOLUTION UND TRAINING

Aus evolutionärer Sicht sind Pferde Säugetiere. Sie gehören zur Familie der Equiden und zur Ordnung der Perissodaktylen (Unpaarhufer). Aus ökologischer Sicht sind sie Pflanzenfresser und können – abhängig vom Lebensraum – fleischfressenden Beutegreifern zum Opfer fallen. Aus ethologischer Sicht sind Pferde soziokognitive Tiere mit ihren eigenen spezifischen und individuellen Merkmalen. Sie daher nur als Beute oder als Tier zu begreifen, das „kämpft oder flieht", ist eindeutig zu vereinfachend und hindert uns daran, sie so zu sehen, wie sie wirklich sind.

Viele moderne Trainingsmethoden konzentrieren sich jedoch auf eben dieses vereinfachte Konzept vom Pferd als fliehendem und reaktivem Tier, das kontrolliert werden muss, wenn wir eine sichere und effiziente Interaktion wünschen. In Wirklichkeit werden Pferde erst aufgrund ihres Zusammenlebens mit Menschen zu Kampf- oder Fluchttieren. In der Geschichte von der Begegnung mit den Esperia-Ponys gibt es zum Beispiel keine Anzeichen einer Fluchttendenz. Es besteht keine Notwendigkeit dafür. Wir sollten uns also fragen, warum Hauspferde das Bedürfnis haben, so viele reaktive Verhaltensweisen zu zeigen.

Alle Pferde werden als kognitive Wesen geboren. Ihre kognitiven Fähigkeiten ermöglichen es ihnen, sich selbst, ihre eigenen Aktionen, sich untereinander, ihre Umgebung und ihren sozialen Kontext zu verstehen. Dies ändert sich oft in der Koexistenz mit den Menschen. Das liegt nicht nur daran, dass Tiere in einem Kontext aufwachsen, in dem die typischen Elemente einer soziokognitiven Umgebung verschwinden, sondern auch daran, dass sie beginnen, menschliche Zwecke zu erfüllen und behavioristisch auf Reize zu reagieren, ohne Informationen richtig zu verarbeiten. Es ist nicht überraschend, dass wir in der Folge ein unberechenbares Fluchttier sehen. Pferde als Fluchttiere zu betrachten ist eine tief verwurzelte Gewohnheit, die viele Aspekte unseres Verhaltens und unserer Einstellung zu ihnen beeinflusst. Dies geschieht in einem breiten Spektrum von Situationen.

Hier ein einfaches Beispiel: Jemand führt ein Pferd auf ein Feld. In dem Moment, in dem das Halfter abgenommen oder das Seil vom Halfter gelöst wird, galoppiert das Pferd davon. Wenn das Pferd nicht wegläuft, wird ihm häufig ein „freundlicher" Schlag auf den Rumpf gegeben oder ein Arm wird geschwenkt, um es zum Loslaufen zu ermutigen. Aber warum sollte es loslaufen? Und wenn es nicht wegläuft, warum haben so viele von uns das Bedürfnis, diese Reaktion auszulösen? Vielleicht als Symbol für Freiheit? Dies ist nur einer der vielen Momente, in denen Pferde in ihrem Zusammenleben mit uns dazu gedrängt werden, ein reaktives Verhalten zu zeigen.

Aufgrund dieser Überzeugungen und Gewohnheiten basieren viele der in der Welt des Pferdesports existierenden Theorien (seien es wissenschaftliche Erkenntnisse oder populäre Überzeugungen) auf der Idee eines Verhaltensmodells, das stark vom Kontext beeinflusst wird, den der Mensch für Pferde geschaffen hat, und den Erfahrungen, die er sie gezwungen hat zu durchleben. Dadurch dass heftige Reaktionen deutlich sichtbar sind, verstärkt sich die Annahme, dass Pferde strenge und klare Regeln benötigen, um Verwirrung zu ver-

VOR DEM VERGNÜGEN KOMMT DAS VERGNÜGEN

Frühling in den Niederlanden – ein heißer, trockener Wind im April 2014. Ich verlasse das Haus, um nach draußen zu gehen und die Pferde auf der Koppel zu beobachten; mir Zeit zu nehmen, ihren inneren Zustand zu verstehen.

Ich nehme eine Bürste und einen Striegel mit. Zurzeit massiere und putze ich die Pferde, um ihnen zu helfen, ihr Winterfell zu verlieren. Sie beobachten sich gegenseitig, stehen ganz gemütlich nah beieinander und wissen, dass sie alle in den Genuss eines solchen Pflegemoments kommen. Ich habe auch einen Sattel, eine Satteldecke und ein Halfter dabei. Die anderen männlichen Herdenmitglieder stehen um uns herum, während ich Falò massiere und striegele, Sparta die Satteldecke und Fulmine den Sattel auflege und das Halfter auf dem Rücken von Topazio platziere. Wir verschmelzen in derselben Erfahrung, vermischen uns – gleichen uns an. Dann zieht Sparta den Sattel von Fulmines und das Halfter von Topazios Rücken. Während der Sattel einfach dort liegen bleibt, wo er hingefallen ist, sammle ich das Halfter vom Boden auf, lege es auf Falò und massiere ihn weiter. Dann hebe ich den Sattel auf und lege ihn sanft auf Spartas Rücken, während ich seinen Nacken kraule und er seine Freude darüber ausdrückt, indem er den Kopf leicht anhebt und die Oberlippe bewegt. Dann nehme ich alles von Sparta wieder herunter und lege die Decke auf Falò. Den Sattel setze ich am Boden ab, während Topazio auf uns zukommt, und mir seinen Rücken hinhält, damit ich ihn in der Schweifgegend striegeln kann. Ich striegele ihn, dann nehme ich den Sattel vom Boden und lege ihn vorsichtig auf den Rücken von Falò, befestige ihn, aber locker. Ich entferne mich, um Sparta weiter zu putzen, der das Horn des Sattels erforscht und daran knabbert, während Falò wiederum fast eingeschlafen ist.

Dann putze und massiere ich Fulmine und Topazio, während Falò anfängt, sich um uns herum zu bewegen, alle im selben offenen Raum, alle ruhig, entspannt und unbeschwert, alle interessiert am Genuss und an der Erfahrung. Ich ziehe den Gurt des Sattels fest und setze mich auf Falò, nur um auf seinem Rücken zu sitzen und dabei den Wind zu genießen, der an meinem Haar, den Mähnen und den Schweifen der Pferde zieht, während ich weiterhin seinen Rücken striegele, seine Mähne mit meiner Hand kämme und die anderen Pferde massiere, die sich wiederum um mich und Falò herum bewegen.

Die Bewegung der Gruppe bringt uns nach und nach in die Nähe des Tores der Pferdeweide. Ich steige von Falò ab, löse den Gurt und nehme den Sattel ab, indem ich ihn von seinem Rücken gleiten lasse und ihn auf dem Rücken von Fulmine ablege. Ich lege Sparta die Decke auf und beim Ausziehen des Halfters drehe ich mich, um es Topazio auf den Rücken zu legen.

Als Nächstes nehme ich alles vorsichtig von ihren Rücken und lege die Gegenstände auf den Boden, wo die Pferde alle, noch eingenommen von der angenehmen Erfahrung, beginnen, in einem inneren Zustand der Ruhe alle Materialien zu erkunden. Ich schließe mich ihnen an und ein paar Minuten später öffne ich das Tor und sie gehen alle gleich entspannt raus, um ein bisschen zu grasen.

Ich mache so einfache Dinge.

---

meiden – dass sie den Menschen brauchen, der die Verantwortung übernimmt.

Tatsächlich werden Pferde zu hilflosen und reaktiven Tieren in einer Beziehung, in der sie nicht berücksichtigt werden. Wenn wir ihre Bedürfnisse erfüllen, ihr Potenzial entwickeln und ihre Lebensqualität verbessern wollen, müssen wir unseren Ansatz ändern. Statt sich ausschließlich auf ihr physisches Potenzial zu konzentrieren und darauf, wie man dieses nutzen kann (in Übereinstimmung mit der verzerrten Sichtweise, die der Mensch von Pferden hat, versucht er, sie schneller laufen und höher springen zu lassen, sie ihre Beine höher heben zu lassen, extrem lange Strecken zu traben usw.), müssen wir Möglichkeiten schaffen, dass Pferde ihr eigenes Leben und ihren Lebensraum erleben und verstehen können – bis hin zu den kleinsten Details – und Raum schaffen für einen interspeziesistischen Dialog.

Kognition ist natürlich

WAS IST KOGNITION?

Was versteht man unter Kognition in Bezug auf Pferde? Und was ist mit diesem Begriff im Allgemeinen gemeint?
Kognition ist zusammengefasst die Fähigkeit, Informationen zu verarbeiten, das Gelernte anzuwenden, die eigenen Vorlieben aufgrund der eigenen Erfahrung zu ändern und mit der Außenwelt in Dialog zu treten, um eine subjektive Realität aufzubauen. Es ist sowohl die Art und Weise, wie die Welt wahrgenommen wird, als auch das Wissen, das aus dieser Wahrnehmung abgeleitet wird (d. h. mentale Repräsentationen der Welt). Aufmerksamkeit, Gedächtnis, Problemlösung und Entscheidungsfindung sind Schlüsselelemente innerhalb der kognitiven Prozesse. Der Versuch, die geistigen Fähigkeiten von Tieren (einschließlich menschlicher Tiere) zu verstehen und zu erklären, führt häufig zu Diskussionen, da es mehrere sehr unterschiedliche Definitionen von Erkenntnis gibt, die sich darauf beziehen, wie Menschen, einschließlich Wissenschaftler, die Welt betrachten. Die anthropozentrische Sichtweise zum Beispiel stellt die menschliche Intelligenz und Erkenntnis an die Spitze einer Pyramide und tendiert dazu, die Fähigkeiten anderer Tiere mit denen menschlicher zu vergleichen. Das Fachgebiet Kognitive Ethologie hingegen betont den Wert verschiedener Erkenntnisformen, nicht hierarchisch oder nach einer besseren / schlechteren Perspektive, sondern in Bezug auf unterschiedliche evolutionäre Anpassungen, sowohl als Spezies als auch als Individuum. Nehmen wir ein Beispiel, um diese Unterschiede und ihre Folgen zu erklären: Der Gebrauch der Sprache und die Fähigkeit, mathematische Probleme zu lösen, sind Teil der für den Menschen typischen kognitiven Prozesse. Für viele ist es interessant, die Existenz dieser Prozesse auch bei Pferden zu verstehen (z. B. Zahlen, Symbole oder das Alphabet erkennen zu können) und die erhaltenen Ergebnisse dann als Beweis für die Intelligenz von Pferden zu verwenden.
Wenn wir einem Pferd jedoch das Zählen beibringen, bringen wir ihm oft einfach einen Trick bei (was durchaus auch bei wissenschaftlichen Studien vorkommt) und erstellen ein irreführendes Bild seiner wahren Fähigkeiten und seiner individuellen und artspezifischen Bedürfnisse. Wenn ein Ergebnis durch Belohnungen über Futter erzielt wird, reduzieren wir außerdem das Wesen des Tiers auf den Futtertrieb, da dieser den Fokus vom tatsächlichen Verständnis des Pferdes für einen Kontext ablenkt.

Ein Fohlen erkundet ein ihm noch unbekanntes Objekt.

Diese Schülerin analysiert einen Augenblick von persönlichem Wachstum durch die Pferde.

Das Erlernen des menschlichen Alphabets ist für ein Pferd nicht von Interesse. Es ist nur für den Menschen erfreulich, ein Pferd für eine solche Aufgabe auszubilden. Was für ein Pferd interessant ist, ist seine Umgebung zu verstehen, seine räumliche Vorstellung, die sozialen Dynamiken, Problemlösungen, oder Konfliktvermeidung (oder Post-Konflikt-Verhalten).

Ein Pferd braucht dafür keine Belohnung, denn eine Belohnung für exploratives Verhalten, das sowieso inneres Bedürfnis und Motivation ist, wäre ein Widerspruch in sich. Die aus dem explorativen Verhalten resultierende Zufriedenheit ist eine intrinsische. Sie gehört dem Pferd und wird durch die Möglichkeit, Information zu erarbeiten ausgelöst.

Der Versuch, Intelligenz zu beweisen, indem Verhaltensprognosen aus der menschlichen Welt erstellt werden, oder der Versuch, Fähigkeiten zu vergleichen, anstatt verschiedene kognitive Fähigkeiten zu verstehen, führt zu Verwirrung im Bewusstsein dessen, was tierische Kognition wirklich bedeutet. Es schafft auch Filter in unserer Fähigkeit, den inneren Wert eines bestimmten Tiers, eines Individuums zu erkennen.

KOGNITION DES PFERDES

In der Natur ist ein Pferd ein kognitives Tier, weil das Leben in freier Wildbahn die kognitiven Fähigkeiten bewahrt. Die Wahrnehmung von Pferden wurde auch durch den Evolutionsprozess geprägt, sowohl durch Umweltherausforderungen als auch durch die komplexe soziale Dynamik der Pferde. Tatsächlich hat jede Spezies und jedes Individuum innerhalb dieser Spezies ihre eigenen kognitiven Fähigkeiten und Fertigkeiten. Fledermäuse und Spinnen haben zum Beispiel eine speziell entwickelte räumliche Wahrnehmung, die es ihnen ermöglicht, in ihrer Umgebung zu navigieren und zu jagen. In *Animal Cognition in Nature* (1998) geben Balda, Kamil und Peppenberg an:

> *Wir haben die Theorie, dass Tiere einfache Wesen sind, die nur auf Reize reagieren, passiv lernen und Konditionierungsprogrammen mechanisch folgen können, längst aufgegeben.*

Calisto und Francesco entdecken gemeinsam ein Halfter.

Leider hat sich dieses Konzept in der heutigen Gesellschaft in Bezug auf Pferde und Pferdeartige noch nicht durchgesetzt. Denken Sie zum Beispiel an Situationen wie die, dass ein Pferd in einen neuen Lebensraum umzieht. Von vielen Pferden wird erwartet, dass sie sich sofort anpassen, ohne ihnen die Möglichkeit zu geben oder Möglichkeiten zu schaffen, diese neue Umgebung zu erkunden und kennenzulernen. Obwohl neue Orte voller Informationen für Pferde sind, sehen wir diese Elemente nicht als Lernmöglichkeiten. Aufgrund der Ablehnung dieses Dialogprozesses durch den Menschen leben viele Pferde in einer verschwommenen Realität voller Situationen und Beziehungen, an die sie sich gewöhnen, die sie aber nicht wirklich und vollständig verstehen können. Sogar der Sattel ist für die meisten Pferde ein unbekanntes Objekt.

Wir müssen nicht nur das Erkundungs-Bedürfnis des Pferdes anerkennen – etwa eine neue Umgebung –, sondern uns auch klarmachen, dass der Prozess der Informationsbeschaffung ganz dem Pferd gehört. Es kommt jedoch häufig vor, dass wir keine praktischen Ergebnisse sehen oder keinen konkreten Beweis für diesen Akquisitionsprozess haben, da eines der Merkmale des kognitiven Lernens die Latenz ist. Das Ergebnis des kognitiven Prozesses ist nicht immer unmittelbar erkennbar: Was verarbeitet wurde, kann später verwendet werden, und eventuell auch nur, wenn die Umstände dies erfordern. Selbst wenn es nicht möglich ist, die Ergebnisse dieses Ausarbeitungsprozesses sofort zu überprüfen, können wir Raum für Lernprozesse schaffen.

Dies ist ein Problem, das auch andere Tiere betrifft. Denk an eine Katze, die zum ersten Mal nach draußen geht. Zuerst sitzt sie an der Tür, auf der Schwelle zwischen ihrer sicheren Umgebung und dem Unbekannten, und nimmt sich Zeit, die Situation zu beobachten und sich ein Bild davon zu machen. Der menschliche Begleiter ist oft ungeduldig, weil er eine Handlung und ein Ergebnis sehen möchte. Er unterbricht deshalb diesen kognitiven Prozess und versucht, die Katze zum Rausgehen zu überreden. Wir müssen stattdessen lernen, solche Augenblicke des Lernens zu erkennen und zu respektieren.

Alles und jeder kann ein aktiver Teil einer Lernerfahrung und Beziehung werden. Jedes Element eines Kontextes, lebend oder nicht, kann ein Hauptdarsteller werden und die kognitive Karte dieses Augenblicks, dieses Lernens, dieser Beziehung bereichern.

KOGNITION UND WOHLBEFINDEN

Obwohl das Verständnis für die tierische Kognition ein wichtiges Thema und ein entscheidendes Element für die Förderung der Lebensqualität von Pferden ist, ist darüber noch wenig bekannt. Wir müssen den kartesischen und performativen Ansatz im wissenschaftlichen Kontext loslassen, da er zu reduktionistisch ist und oft im Dienst der Welt des Pferdesports steht: Dieser Ansatz konzentriert sich darauf, wie man ein Pferd trainiert und seine Leistung steigert, anstatt seine Wünsche richtig zu interpretieren und seine soziokognitiven Fähigkeiten zu bewahren. Gesundheit, Wohlbefinden und Kognition sind eng miteinander verbunden. Sprechen wir Pferden ab, ein Bewusstsein zu haben, oder ignorieren wir, dass sie kognitive Wesen sind, ignorieren wir ihr tiefes und angeborenes Bedürfnis zu verstehen, was um sie herum geschieht. Wir ignorieren, dass sie ihre Umgebung verstehen, ihre eigenen Erfahrungen machen und sich ausdrücken möchten. All dies zu vernachlässigen erzeugt Spannungen aus mentaler, emotionaler und physischer Sicht. Je länger wir die Pferdekognition aus einer anthropozentrischen – also einer auf den Menschen zentrierten – Perspektive betrachten, desto weniger können wir die reale emotionale, soziale und mentale Wahrnehmung des Tiers verstehen. Daher ist eine Analyse und Interpretation unter einem völlig neuen Gesichtspunkt erforderlich.

WAS IST EINE KOGNITIVE UMGEBUNG?

Pferde, die in einem sozialen Kontext und in einer angereicherten natürlichen oder naturnahen Umgebung leben, leben in einem Umfeld, das ihre Erfahrung und ihr Lernen in der Gesellschaft fördert, zu der sie gehören. Die Dynamik von Interaktion, Beobachtung und Informationsverarbeitung ist kontinuierlich: Sie wird auf der Weide, während eines Spaziergangs, in einem Augenblick des gemeinsamen Stillstehens und bei der Beobachtung der Wahrnehmung eines anderen Pferdes implementiert.

Wie bei anderen Arten haben auch Pferde, die in einem vertrauten oder familienähnlichen Kontext leben, ihre eigene kulturelle Übertragung. Die Tatsache, sich zu kennen, Augenblicke miteinander erlebt zu haben, und die Freiheit zu haben, sich auszudrücken, gibt Pferden aus einer Familie oder einer familienähnlichen Gruppe eine detaillierte Lesart, die es ihnen ermöglicht, auf Absichten des anderen zu reagieren, indem sie sich gegenseitig beobachten.

Es können sich auch verschiedene soziale Interaktionen entwickeln, wie etwa eine Vorkonfliktdynamik (in der ein Pferd sich zwischen zwei andere Pferde stellt, die kurz vor einem Konflikt stehen), affiliatives Verhalten (Verhalten, das den Gruppenzusammenhalt stärkt) und gemeinsame Entdeckungen. Sie berücksichtigen die soziale Dynamik und garantieren folglich einen kognitiven Kontext.

Pferde können Erfahrungen austauschen und voneinander lernen. Jüngere Pferde können lernen, indem sie Ältere und Erfahrenere beobachten. Ebenso kann ein erwachsenes Pferd von einem jüngeren lernen. Diese Dynamik wird als „soziales Lernen in einem soziokognitiven Kontext" bezeichnet. Zusammenleben bedeutet in diesem Zusammenhang, Erfahrungen auszutauschen und verschiedene Ausdrücke zu lernen, in einer Art Dialog, in dem jede Beziehung einzigartig ist und sich ständig weiterentwickelt. Der Reichtum dieser Erfahrungen hängt von den einzelnen beteiligten Pferden ab. In ähnlicher Weise verringern sich die Bedingungen für soziokognitives Lernen, wenn die Umgebung zu dynamisch, zu wettbewerbsorientiert wird oder wenn es keine Elemente gibt, die das gemeinsame Erleben unterstützen. Erfahrungsaustausch ist entscheidend, um eine kognitive Umgebung zu schaffen, die die Möglichkeit bietet, sowohl den Kontext als auch einander besser zu verstehen. Das gilt nicht nur für ein junges Pferd, sondern für jedes

Ein Augenblick stiller Eintracht einer Gruppe von Konik-Junggesellenpferden in den Niederlanden.

Pferd und für jede Beziehung. Es ist jedoch auch wichtig zu verstehen, dass das Zusammenstellen mehrerer Pferde nicht automatisch bedeutet, dass ein sicheres soziales Umfeld geschaffen wird. Die meisten Pferde in unserer Gesellschaft haben keine familiären Bindungen oder familienähnlichen Gruppen in ihrem Lebensraum und wachsen nicht zusammen auf.

ERHALTUNG SOZIOKOGNITIVER FÄHIGKEITEN

In demselben Umfeld zusammenzuleben ist nicht dasselbe, wie gemeinsam Erfahrungen in einem soziokognitiven Zusammenhang zu machen, insbesondere wenn kontinuierlich soziale Veränderungen stattfinden. In vielen Situationen sind Pferde eher damit beschäftigt, sich zu verteidigen, als sich gegenseitig kennenzulernen und zu verstehen. Der Mensch kann eine entscheidende Rolle dabei spielen, Bedingungen zu schaffen, unter denen die Tiere Erfahrungen austauschen können, beispielsweise durch das gemeinsame Erkunden eines Ortes. Viel zu oft sind Pferde stattdessen einer anderen Dynamik ausgesetzt. Pferdebesitzer betreten Koppeln und Paddocks meist, um ihr Pferd aus der Gruppe herauszuholen, statt dort Zeit mit dem Pferd zu verbringen und genau zu beobachten, in welcher Umgebung und in welcher Situation die Pferde leben.

Die Kognition von Pferden kann nur in einem Kontext garantiert werden, in dem ihre ethologischen Bedürfnisse respektiert werden und in dem sie ihre Persönlichkeiten und Wünsche ausdrücken können, ohne ständig Druck, Verstärkung, Konditionierung und menschlichen Anforderungen ausgesetzt zu sein. Dies allein reicht jedoch nicht aus.

Um Kognition und kognitive Strukturen zu schützen, müssen alle Elemente beseitigt werden, die zu reaktiven Erfahrungen führen können, wie z. B.:
- vorzeitiges Absetzen von Fohlen;
- soziale Isolation;
- unter Druck oder Leistungsangst leben;
- Verhaltenstraining;
- in einer unbekannten Gruppe leben, häufig umziehen bzw. häufige Veränderungen (auch mit gleichbleibenden Pferdepartnern);

- die Verwendung von Gebissen, Sporen, Hufeisen;
- kein Raum für explorative Augenblicke im Umgang mit dem Menschen;
- ergebnisorientierter menschlicher Monolog, ohne dass das Pferd sich subjektiv einbringen kann.

Kognitive Fähigkeiten zu bewahren, bedeutet, einen kognitiven Kontext sicherzustellen, in dem ein Pferd leben wird. Einen Kontext, in dem die spezifischen ethologischen Bedürfnisse der Pferde respektiert werden, wo sie sich aber auch selbst ausdrücken können, ihre Umgebung verstehen und wo sie nicht unaufhörlich in ihrer Interaktion mit Menschen Druck und Erwartungen ausgesetzt sind. Viele Pferde leben vom Moment der Geburt an in Stresssituationen. Das vorzeitige Absetzen von Fohlen, die soziale Isolation, das Leben in unbekannten und instabilen Gruppen, das Verhaltenstraining und der auf Leistung ausgerichtete Lebensstil des Menschen wirken sich erheblich auf die kognitiven Strukturen und die Gesundheit des Pferdes aus.

Da die soziale Kognition stark durch die Wahrnehmung jedes einzelnen Pferdes bedingt wird und von allen genannten Elementen abhängt, muss man lernen, sich in Pferde und in die Situation, in denen sie sich befinden, hineinzudenken. Wir müssen einen ganzheitlicheren Ansatz verfolgen, um eine Beziehungsdynamik zu verstehen, da diese mit einer Methode weder erfasst oder erreicht werden kann. Das wäre, als würde man eine Methode für eine glückliche Mensch-Mensch-Beziehung finden wollen. Auch wenn viele sicher schon versucht haben, dies in einer Formel festzuhalten, muss jede einzelne Beziehung am Ende erlebt werden. Und genau darin liegt die Schönheit von Beziehungen. Jede gesunde Beziehung ist eine einzigartige Interaktion in ständiger Weiterentwicklung. Mit jeder neuen Erfahrung, wachsen die Beteiligten und erwerben neue Möglichkeiten, die Welt zu sehen und zu verstehen. Eine Beziehung, die auf Kognition beruht, kann in keinem Handbuch erklärt werden, als wäre sie eine Maschine oder eine mathematische Gleichung. Sie erfordert ein Bewusstsein für all die Variablen innerhalb der Beziehungsdynamik.

Sich selbst erfüllende Prophezeiungen

WARUM SCHEUEN PFERDE?

Die Ansicht (und das Missverständnis), Pferde seien reaktive Tiere, wird durch die Tatsache am Leben erhalten, dass fast alles, was mit Pferden zusammenhängt, auf der zuvor erläuterten Idee basiert, sie seien „Fight or Flight"-Tiere. Es ist dieser eine Satz, der es schwierig macht, anders zu denken, zu handeln, das Pferd anders zu verstehen. Bücher, Blogs, Videos, Trainings-DVDs – die Botschaft ist konstant und eindringlich: „Ein Pferd scheut, weil es in seiner Natur liegt."
Aber genau hier liegt der Fehler!
Wir Menschen halten dieses Verhalten für natürlich. Statt uns, wenn das Pferd scheut, zu fragen: „Wo bin ich zu weit gegangen?" oder „Was kann ich anders machen?", wird eher die Frage gestellt: „Wie kann ich das Scheuen abstellen?" Wir fangen dann an, das Pferd mit Druck und Futterbelohnungen zu desensibilisieren, in der Hoffnung, ihm die Fluchtreaktion abzutrainieren. Das Problem bleibt aber weiterhin bestehen. Das Pferd hat den Kontext nicht verstanden und wird unter anderen Umständen erneut scheuen. Und erneut werden wir von seinem Verhalten nicht überrascht sein, weil wir denken, dass Pferde einfach so ticken. Ein Pferd beurteilt aber nicht alles nur aus einer Schwarz-Weiß-Perspektive, bei der notwendigerweise zwischen gefährlich und ungefährlich unterschieden werden müsste. Ein Pferd kann auch einfach nur fasziniert sein, weil das Sammeln von Informationen interessant ist. Daraus resultiert nicht unbedingt eine Reaktion, sondern die gewonnene Information wird als Wissen abgespeichert, irgendwo zur Entscheidungsfindung verarbeitet oder einfach zur zukünftigen Anwendung gespeichert – oder eben nicht. Hier ein schönes Beispiel dafür, wie leicht wir das Wissensbedürfnis eines Pferdes ignorieren können: Tommy, ein junges Fjordpferd, ist trotz seines jungen Alters von erst drei Jahren bereits vollständig an den Sattel gewöhnt und wird geritten. Das sagt seine Besitzerin über ihn: „Es ist toll, Tommy zu reiten. Er ist sehr mutig und lernt schnell. Schade, dass er sich angewöhnt hat, immer zu scheuen, wenn wir, um den Stall verlassen, an den anderen Paddocks vorbeigehen."
Bis zum Alter von zwei Jahren war Tommy ein ausgeglichenes, neugieriges und exploratives

Ein sozialer Kontext sollte jede neue Erfahrung einfacher machen – keine Pferd-Mensch-Interaktion sollte außerhalb der Komfortzone des Pferdes stattfinden.

Fulmine, Sparta und José: Es ist immer Zeit für eine spannende Erfahrung.

Jungpferd. Er lebte mit einem anderen Junghengst auf einer Weide. Auch sah er sich gern um, beobachtete die anderen Pferde auf ihren Paddocks, erkundete verschiedene Untergründe, Wasser und entdeckte alle anderen Elemente in seiner Umgebung.

Dann sollte er angeritten werden und musste dafür seine gewohnte Umgebung verlassen, ohne dass ihm Zeit gegeben wurde, diese neue Erfahrung zu verarbeiten. Sein eigener Tagesrhythmus und sein emotionales und körperliches Wachstum fanden keine Beachtung. Darüber hinaus wurde sein Bedürfnis nach einem sozialen Umfeld und danach, Lernerfahrungen mit anderen Pferden zu teilen, nicht berücksichtigt.

Deshalb fällt es Tommy jetzt schwer, seine Umgebung zu verstehen. Er ist sich nicht sicher, was er tun soll und was von ihm erwartet wird. Die Paddocks und alle Elemente seiner Umgebung, die ihm sonst ein sicherer Hafen waren, werden jetzt ein Grund zu scheuen. Eine dumme Angewohnheit? Nein, denn diese Elemente erinnern Tommy ständig daran, dass er nicht sicher ist. Kann also ein Pferd mit gut erhaltenen und entwickelten kognitiven Fähigkeiten jemals Angst haben, wenn etwas wirklich Merkwürdiges passiert? Wenn du als Mensch etwas Seltsames und Unerwartetes erlebst, könntest du alarmiert sein; das Gleiche trifft auf Pferde zu. Denk z. B. an eine flatternde Plane, die Holz in der Nähe eines Paddocks abdecken soll. Ein kognitives Pferd würde neugierig werden, die Plane beobachten und nach dem Einfügen in seine eigene Mindmap einfach weitermachen. Ein reaktives Pferd hingegen würde wegspringen und einige Minuten lang in einem Zustand der Spannung und des Misstrauens bleiben, selbst auf Distanz. Das kognitive Pferd folgt der gleichen Regel wie alle Lebewesen: minimale Anstrengung, maximales Ergebnis. Um das Wohlbefinden von Pferden zu verbessern, ist es äußerst wichtig, die kognitiven Bedürfnisse eines Pferdes zu verstehen, zu lernen, wie wir unser Zusammenleben mit ihm entwickeln und verbessern können und wie wir Aktivitäten auf eine Weise teilen können, die das Pferd nicht reaktiv machen. Meist wird viel Wert auf das körperliche Wohl des Pferdes gelegt. Obwohl in der Forschung das Bewusstsein wächst, dass Pferde über soziale Lernfähigkeiten und höhere geistige Fähigkeiten verfügen, basieren unsere Lernmodelle für Pferde immer noch auf dem vereinfachten Reiz-Reaktions-Mechanismus, mit all den prak-

Begib dich auf Bodenniveau, um den Standpunkt des anderen kennenzulernen.

tischen Auswirkungen, die dies auf die menschliche Wahrnehmung des Pferdes hat.

DIE TIERMASCHINE

Der Versuch zu definieren, wer zu den nichtmenschlichen Tieren gehört sind und was deren Geist von dem menschlicher Tiere unterscheidet, ist etwas, das im Lauf der Geschichte immer wieder thematisiert wurde. Aristoteles definierte den Menschen als „das rationale Tier" und etablierte damit die Rationalität als den Unterscheidungsfaktor zwischen dem Menschen und allen anderen Tieren. Jahrhunderte später definierte Descartes Tiere als „seelenlose Maschinen". Ihm zufolge könnte das Verhalten von Tieren ohne die Existenz eines Denkprozesses oder Bewusstseins erklärt werden. Er ignorierte auch die Möglichkeit, dass es Unterschiede zwischen Individuen bei nichtmenschlichen Tieren geben könnte. Dann, am Ende des achtzehnten Jahrhunderts, erklärte Kant, dass Tiere nur einen instrumentellen Wert haben und nicht für sich selbst denken können, weil sie keine rationalen Wesen sind.

Ideen aus diesen philosophischen Debatten sind bis heute in vielen tierbezogenen Studien und Aktivitäten enthalten, was es umso schwieriger macht, die Tierkognition offen zu studieren. Die Wahrnehmung eines Objekt-Maschine-Tiers setzt auch die Tendenz fort, Verhalten als Reaktion auf einen Reiz zu interpretieren, was erklärt, warum Behaviorismus bei der Analyse des Verhaltens von Tieren immer noch der häufigste Ansatz ist. Anstelle einer Reaktion auf etwas, sollte Verhalten jedoch als die Art und Weise interpretiert und verstanden werden, wie eine Erfahrung gelebt und wahrgenommen wird. Pferde brauchen Informationen und Verständnis, um sich mit sich selbst und der Welt um sie herum (einschließlich anderer Pferde und Menschen) verbinden zu können. Wir müssen aufhören, den Geist des Pferdes als Black Box darzustellen, die nicht in der Lage ist, ein eigenes Bild einer bestimmten Situation zu erstellen. Er ist keine Maschine, die nur dann eine Ausgabe (Verhalten) durchführt, wenn ein bestimmter Befehl erteilt wird. Die kognitiven und emotionalen Bedürfnisse eines fühlenden Wesens zu ignorieren kann einen enormen Einfluss auf seine Lebensqualität haben.

Einen Moment teilen, einander kennen und erkennen.

Zeit für Veränderung

HISTORISCHER RÜCKBLICK

Wenn wir auf die Zeit zurückblicken wollen, bevor Pferde von Menschen genutzt wurden, müssen wir bis zu den ersten bekannten Stadien der Domestizierung des Pferdes im Pleistozän zurückschauen. Hier trafen unsere Vorfahren zum ersten Mal auf die Spezies Pferd und unsere gegenseitige Koevolution begann. Einige der Informationen, die beide Arten austauschten, müssen sich geähnelt haben: Informationen, die sie von ihren Sinnen erhielten sowie vom Wetter, vom Boden, von ihren inneren Zuständen, von der Gruppendynamik, von ihrem Verständnis gegenseitiger Absichten. Unsere Vorfahren haben diese Tiere, die ihren Lebensraum teilten, an die Wände ihrer Höhlen gemalt. Auf diese Weise reproduzierten sie nicht nur Darstellungen ihrer natürlichen Umgebung in den Höhlen, sondern erhielten auch Informationen aus diesen Bildern, die ihnen halfen, die Tiere und letztendlich sich selbst zu verstehen – auch aus soziokognitiver Sicht. Ein Beispiel sind die Pferde, die in der Chauvet-Höhle in Frankreich vor 32.000 bis 35.000 Jahren gemalt wurden und sich stark von denen unterscheiden, die wir in modernen Pferdebildern finden, insbesondere im Kontext des Pferdesports. In diesen alten Darstellungen können wir eine partnerschaftliche Dimension sehen, in der die Pferde als soziale Gruppe dargestellt werden, in empathischer Synchronisierung. Heutzutage werden Pferde, sei es in Pferdeskulpturen, auf Porträts oder anderen künstlerischen Darstellungen, stattdessen meist unter Anspannung in sozialer Isolation dargestellt. Ein Zeugnis dafür, dass wir die Fähigkeit, ihren inneren Gefühlszustand zu erkennen, verloren haben und ihr Leid sogar als Schönheit wahrnehmen. In gewisser Weise beeinflusst dies unsere empathische Fähigkeit, den „Anderen", zu verstehen.

Doch wie konnte sich unsere Sicht auf das Pferd so mit dem Bild vom Pferd als angespanntem Tier verweben? Was hat die Entstehung eines solch veränderten, reduzierenden und falschen Bildes in seiner Koexistenz mit dem Menschen verursacht? Und was tun wir? Warum versuchen wir immer noch, Pferde nach veralteten Vorstellungen zu trainieren, anstatt einer neuen Art des Verstehens und des Zusammenlebens Raum zu geben? Selbstverständlich ist eine solche Änderung nicht leicht. Das würde bedeuten, die Bedürfnisse und Wünsche des Pferdes unter dem Gesichtspunkt seines Wohlbefindens sowie seine soziale Dynamik zu verstehen, ohne sein Verhalten zu konditionieren. Vor allem wird dies unterschiedliche Normen und Werte für eine höhere Lebensqualität erfordern, in denen Freundschaft, Selbstbewusstsein, Vertrauen, Ausdruck und Entwicklung der inneren Werte grundlegende Schlüsselelemente sind.

DAS BEWUSSTSEIN VERÄNDERN

Veränderung ist ein kontinuierlicher Prozess. Nichts ist unveränderlich. Das universelle Bild, das wir von Pferden haben, und die traditionelle Arbeitsweise mit ihnen behindern heute unsere Versuche, ein Bewusstsein für das Pferd als kognitives und fühlendes Wesen zu schaffen, und machen eine notwendige Veränderung schwieriger. In der Tat bedeutet Veränderung nicht nur, andere Sichtweisen in Bezug auf Beziehungen und Kognition anzuerkennen und zu unterstützen, sondern auch, Erwartungen aufzugeben sowie mit Mustern und Gewohnheiten zu brechen. Wir müssen die Beziehung zwischen Pferd und Mensch aus einer anderen Perspektive betrachten.

Stellen wir uns zum Beispiel ein Fohlen vor, dem zum ersten Mal ein Halfter angelegt wird: Wir erlauben dem Fohlen, das Halfter zu betrachten, ob sein Verhalten als Reaktion darauf jedoch bedeutet, dass das Halfter akzeptiert wird, wissen wir nicht. Menschen arbeiten oft nach „To Do´s", bestimmten zu erreichenden Zielen. Sie fragen sich: „Kooperiert das Fohlen oder nicht? Wird das Halfter akzeptiert oder nicht?" Ein anderer Ansatz in dieser Situation wäre zu sagen: „Hey, er schnuppert am Halfter; ich frage mich, was er wohl riecht." Wir werden natürlich keine Antwort auf diese Frage bekommen, aber wir werden ein Bewusstsein für die Erfahrung des Fohlens entwickeln. Nehmen wir uns die Zeit und sind neugierig genug, das Halfter selbst einer Riechprobe zu unterziehen, kommen wir auch seiner Erfahrung näher und können den Augenblick mit ihm teilen. Es ist jedoch sehr schwierig, unsere eigenen Erwartungen loszulassen, insbesondere wenn wir uns Sorgen machen, dass das Fohlen möglicherweise nicht lernen könnte, das Halfter zu tragen.

Die Veränderung in der Wahrnehmung des Pferdes als kognitives und empfindungsfähiges Wesen hängt mit verschiedenen Aspekten zusammen:

- Das Pferd verstehen und sich seiner Notwendigkeit einer soziokognitiven Umgebung bewusst sein;
- Unsere Schwierigkeit verstehen, „To Do´s" loszulassen und an gemeinsamen Erfahrungen zu arbeiten;
- Verstehen, dass viele Pferde auf eine Art trainiert wurden, die ihr reaktives Verhalten verstärkt, statt auf eine Weise, die ihnen Raum für geteilte Erfahrungen gibt und einen kognitiven Zustand zulässt.
- Verstehen, dass unsere Erwartungen und der Wunsch nach kurzfristig erreichbaren Resultaten einen negativen Einfluss haben auf den Pferd-Mensch-Dialog, der genau das Gegenteil benötigt – Raum, sich auszudrücken

Sie fordert die Auflösung automatisch ausgeführter Aktionen und auch eine Änderung der Zeitwahrnehmung. Oft müssen sowohl das Pferd als auch der Mensch lernen, die eigene Routine aufzubrechen.

Du kannst das Pferd in „deine Umgebung" bringen oder „deine Umgebung" zum Pferd bringen.

Zeit für Veränderung

Das Verstehen des „Anderen" beginnt mit dem Verstehen der Welt des „Anderen" (wie Heu riecht und sich anfühlt), damit die Neugier für den „Anderen" wächst, bevor man ihn tatsächlich trifft.

DER SOZIO-KOGNITIVE ANSATZ

Das Modell des soziokognitiven Lernens analysiert Beziehungen zwischen menschlichen und nichtmenschlichen Tieren und deren Entwicklung unter der Bedingung, dass beide Parteien sich frei äußern dürfen. Diese Gegenseitigkeit gilt als Grundlage für gemeinsame Entwicklung und Wohlbefinden. In diesem Modell sind der Mensch (als Mensch dezentralisiert) und das nichtmenschliche Tier eine Referenz füreinander (Co-Learning). Das Modell betont die Bedeutung von „Anderssein" („Alterität"), das Verständnis verschiedener kognitiver Fähigkeiten und das Verständnis des „Anderen" als dialogfähigen Partner und als jemanden, von dem man lernen kann.

Diese Elemente werden im sogenannten „affiliativen kognitiven Paradigma" zusammengeführt, das Raum für freie Meinungsäußerung lässt und innere Motivation berücksichtigt. Der Ansatz ermöglicht es uns, die Möglichkeit eines Dialogs mit der „Andersartigkeit" oder in diesem Fall mit dem Pferd wiederzuentdecken. Sie ermöglicht uns auch, unser Bewusstsein wiederzuentdecken und zu entwickeln, um es als Kompass für das Verständnis unserer Interaktionen mit anderen zu verwenden. Das Modell bietet eine andere Sichtweise auf Tiere, indem bestimmte Aspekte berücksichtigt werden. Sie impliziert jedoch auch, dass wir neugierig sein und unsere Erwartungen und unser Bedürfnis nach Kontrolle und Dominanz aufgeben müssen, indem wir die anthropozentrische Perspektive in der Mensch-Tier-Interaktion verwerfen. Es ist nicht einfach, auch weil Anthropozentrismus Teil unseres alten kulturellen Erbes ist, aber es ist nicht unmöglich.

PFERDE UND DAS MODELL DES SOZIO-KOGNITIVEN LERNENS

In Bezug auf die Beziehung zwischen Pferd und Mensch ist der soziokognitive Ansatz keine neue Methode zur Ausbildung oder Erziehung des Pferdes, sondern stellt einen nützlichen Ansatz dar zu verstehen, wie unter Berücksichtigung der spezifischen und individuellen soziokognitiven Aspekte eine wechselseitige Beziehung zwischen Menschen und Pferden aufgebaut werden kann. Dies bedeutet, auf die mentalen und emotionalen Zustände von Pferden (oder Eseln) zu achten, ihre Art zu denken, und nach Informationen zu suchen sowie diese auszuwerten, auf ihre intrinsische Motivation zu hören, ihnen Raum für den Ausdruck von Emotionen oder Absichten zu lassen und sie dabei zu unterstützen, Probleme zu verstehen und zu lösen, sich bei Veränderungen anzupassen und weiterzuentwickeln und stabile Beziehungen aufzubauen.

Alle diese Elemente bilden den Kern jeder Erfahrung, und jedes von ihnen bildet eine Erfahrung für sich. Der soziokognitive Ansatz, der auf die Beziehung zwischen Pferd und Mensch angewendet wird, ist Teil einer großen kulturellen Entwicklung und Revolution. Er stellt die Überwindung der Idee dar, dass das Pferd trainiert und konditioniert werden muss, um mit dem Menschen koexistieren zu können.

Bei der Entwicklung einer wechselseitigen Beziehung und eines soziokognitiven Kontextes, in dem Pferde zusammenleben und Erfahrungen austauschen, liegt der Schwerpunkt auf der Fähigkeit des Pferdes, selbst latente (nicht sofort erkennbare) Lernerfahrungen aufzubauen, die ein reiches Lebensumfeld für Pferde schaffen,

Francesco, hier bei einer gemeinsamen Erfahrung mit einer Gruppe von Islandpferden.

sowohl in seiner Beziehung zu anderen Pferden als auch in seiner Beziehung zum Menschen.

VOM OBJEKT ZURÜCK ZUM SUBJEKT

Viele Aktivitäten, die die menschliche Interaktion mit Pferden beinhalten, werden im Zusammenhang mit Pferdesportaktivitäten entwickelt. Dabei wird das Pferd lediglich als Objekt wahrgenommen, wodurch auch der größte Teil der verwendeten Sprache beeinflusst wird und sich diesem Bild anpasst. Logisch, wenn wir darüber nachdenken, wie eng das Pferd in unserer menschlichen Wahrnehmung mit einer spezifischen Aktivität verknüpft ist. Jeder, der ein Pferd besitzt, wird gefragt: „Was machst du damit?" Als Haustier wird ein Pferd fast immer mit der Vorstellung verbunden, eine bestimmte menschgebundene Aktivität auszuführen (Springen, Dressur, Freizeitreiten, Therapie).

Selbst in Kinderbüchern über Nutztiere ist es nicht ungewöhnlich, dass andere Tiere so dargestellt werden, wie sie sind (zum Beispiel ohne Ohrmarken), das Pferd aber meist mit einem Halfter, einem Zaumzeug oder manchmal sogar mit einem Sattel herumläuft, als ob diese Gegenstände ein grundlegender und existenzieller Teil von ihm wären. Wir bekräftigen so kontinuierlich unsere stark anthropozentrische, instrumentelle Wahrnehmung des Pferdes. In Verkaufsanzeigen heißt es oft: „Ein Pferd für jede Situation und Jahreszeit"; „Perfekt trainiert, dieses Pferd lässt keine Wünsche offen"; oder: „Wir trainieren die unterschiedlichsten Pferde und bieten Ihnen einen vielseitigen Partner". Obwohl dies wahrscheinlich von Menschen mit einer großen Leidenschaft für Pferde geschrieben wurde, ist die Auswirkung auf die uns anvertrauten Lebewesen enorm, wenn wir sie so wahrnehmen. Es wirkt ein bisschen so, als würden wir ein Motorrad mit einer Bedienungsan-

Der empfindsame Beobachter

*Schließe deine Augen, damit du sie öffnen kannst und sie klarer sehen können.
Ich folge dir nicht, führe dich nicht, beobachte dich.
Ich kann diesen Augenblick der Beobachtung leben, riechen, erfassen, kann ihn ausarbeiten, daraus lernen, ohne automatische Reaktionen.
Ich bin ein Pferd, ein Hund, eine Katze, ein Kaninchen.
Ich bin ein fühlendes Wesen, du auch?*

leitung kaufen. So lässt sich schnell vergessen, dass wir es mit einem individuellen Wesen zu tun haben.

In der Kinderreitschule tendieren Kinder dazu, sich ihr Pferd nach der Farbe auszusuchen und häufig hört man hier den Satz: „Sag ihm, wer der Boss ist!" Das Hauptaugenmerk liegt auf Leistung und um diese zu erhalten, wird Druck ausgeübt. Wird ein Pferd geritten und soll es ständig eine Reaktion zeigen, sorgt dies bei ihm für einen starken Anreiz für reaktives Verhalten. Auch beim Kind führt dies zu emotionalen Konflikten und zu Frustrationen, wenn das Tier nicht „richtig" reagiert. Für viele Kinder (und Erwachsene) vermitteln Reitschulen eine seltsame Realität dessen, was wir über Pferde lernen können. Dabei sollte eigentlich *Verständnis* vermittelt werden. Das Kind sollte angeleitet werden, das Pferd als soziale Spezies mit eigenen Interessen und faszinierendem Verhalten wahrzunehmen. Das Problem ist, dass die soziokognitiven Fähigkeiten des Tiers nicht einmal im konventionellen Bildungssystem, das sich mit Pferden befasst und mit Pferdeprofis verbunden ist, berücksichtigt werden. Selbst wenn Reitschulen ihren Schülern etwas über Pferde beibringen möchten, würde dies immer noch aus einer anthropozentrischen Sichtweise auf der Notwendigkeit basieren, die Kontrolle über das Tier zu erlangen.

Oftmals als aus Sicherheitsgründen notwendig erklärt, ist die Vorstellung, dass Kontrolle für Sicherheit sorge, ein wesentlicher Irrglaube. Pferde, die nicht verstehen können, wer sie sind und wo sie sich befinden, werden gerade dann, wenn Ergebnisse schneller erzielt werden sollen, zu einer tickenden Zeitbombe. Immer öfter sehen wir verwirrte Gesichtsausdrücke von Pferden und von Menschen, die diese Pferde reiten.

In einer Gesellschaft, in der das Konzept von Kontakt aufgrund der sich immer weiterentwickelnden Kommunikationstechnologien immer schwieriger wird, müssen Kinder affiliative Reaktionen entwickeln, also Verhaltensweisen, die anderen den Wunsch nach Kontaktaufnahme signalisieren – ganz unabhängig davon, ob das Gegenüber ein menschliches oder ein nichtmenschliches Tier ist.

Dies kann nicht erreicht werden, indem man sie einfach auffordert, eine Aufgabe auszuführen. Stattdessen sollte man ihnen zunächst schrittweise zeigen, wie sie den anderen ohne Ansprüche und Vorurteile beobachten können und ihnen erlauben, ihre Neugier dem anderen gegenüber zu entwickeln. Sie sollten gemeinsam mit dem Pferd einen Kontext bekommen, in dem sich beide austauschen können, eine Kultur und Beziehung erfahren können, auf ihre eigene innere Motivation achten und lernen können, dem anderen zuzuhören.

Zu lernen, wie man „den Anderen" wahrnimmt und betrachtet, ist der wichtigste Schritt in jeder Begegnung. Pferde wahrzunehmen bedeutet zunächst sicherzustellen, dass sie nicht hilflos sind und sich deshalb in reaktive Tiere verwandeln. Dann müssen wir gewährleisten, dass das Pferd sich seines Körpers, seiner Empfindungen und seines inneren Zustands bewusst ist.

Dabei müssen wir lernen, den kognitiven Fähigkeiten des Pferdes Raum zu geben. Wir müssen ihm ermöglichen, unterschiedliche Erfahrungen zu machen und Emotionen, Aufmerksamkeit, Neugier und innere Motivation auszudrücken, sowohl in der Beziehung zu anderen Pferden als auch in der Beziehung zum Menschen. Ein solcher Lernprozess des Menschen wird dafür sorgen, dass wir unsere Aktivitäten mit dem Pferd ändern, weil wir endlich beginnen, den wahren Kern des Tiers wahrzunehmen und zu berücksichtigen.

Hier ist ein Beispiel dafür, wie man vom Ansatz der Erwartungshaltung zum Ansatz der gemeinsamen Erfahrung übergeht und Pferde dabei unterstützt, die Umgebung, in der sie leben, besser zu verstehen:

„Nicht das, was du erreichst, ist wichtig, sondern wie ihr zusammenwachst."

José De Giorgio-Schoorl

Ein kleines Mädchen lernt die Bedeutung von authentischem Kontakt.

Wenn ein Pferd von der Weide geholt wird, aber auf angespannte Weise durch das Tor geht, kannst du dich entscheiden: Entweder versuchst du, das Pferd zu beruhigen, oder du verstehst, dass das „Durchschreiten des Tores" eine Erfahrung werden kann statt eines notwendigen Hindernisses, das es zu überwinden gilt. Erst wenn diese Erfahrung gemacht wurde, kannst du die Dinge tun, die du geplant hast. Du kannst eine Erfahrung schaffen, die es dem Pferd ermöglicht, sich wohlzufühlen, und, noch wichtiger, sich eine Vorstellung vom Tor und der Situation rundherum zu schaffen.

Interagiere z. B. mit dem Pferd. Erkundet gemeinsam das Tor oder geh alleine vor das Tor und lass das Pferd beobachten, wie du einen dort herumstehenden Eimer entdeckst. Dies hilft, all die Spannungen abzubauen, die das Pferd, dadurch dass es ihm nicht möglich war, seine Umgebung ordentlich zu erkunden, angesammelt hat. Die Interaktionen erlauben dem Pferd, sich zu beruhigen und wieder zu der inneren Ruhe zu finden, in der es Dinge verstehen kann – etwa, was es mit dem Tor und dem Eimer auf sich hat, ohne dass es nötig ist, sich zu wehren. Das Pferd kann sie so indirekt und ohne Beeinflussung erkunden.

So wird das Pferd nicht an seine Grenzen und in Anspannung gebracht. Diese Form des Entdeckens gibt dem Pferd Zeit – seine Zeit –, die Situation zu verstehen. Es verändert deine Wahrnehmung der Erfahrung mit dem Pferd, weil wir, statt unser Bedürfnis nach einer bestimmten Aktivität auf das Pferd zu projizieren, beginnen können, eine Erfahrung zu teilen, indem wir wahrnehmen, wie jemand anderes (das Pferd) die Welt wahrnimmt.

Beziehungen können nicht entstehen, wenn sie auf einem Verhaltensergebnis basieren, das kontrolliert werden muss. Du musst nur den richtigen Kontext schaffen und einen sicheren Hafen bieten, in dem sich das Pferd ausgeglichen entwickeln und lernen kann, wie man am besten mit einer Situation umgeht. Beziehungen bestehen aus wahrgenommenen Augenblicken, Austausch und Ausdrucksformen, die mit den eigenen inneren Absichten verbunden sind. Sie entstehen nicht durch automatisierte Verhaltenssequenzen und durch den Druck, Ergebnisse zu erzielen.

DAS KOGNITIVE PFERD IN DER BILDUNG SICHTBAR MACHEN

Sowohl in der Wissenschaft als auch in anderen Bildungssparten beginnen Menschen, Interesse an der Wahrnehmung von Pferden zu zeigen. Das ist wichtig, weil die in vielen universitären und außeruniversitären Einrichtungen verwendeten Unterrichtsmaterialien häufig von einem anachronistischen Ansatz für das Wohlbefinden des Pferdes beeinflusst werden, der eher mit der Dimension des Reiters und des Sports als mit der des Pferdes zu tun hat.

Training etwa hat einen großen Einfluss auf die soziokognitiven Fähigkeiten von Pferden, ist dabei aber eng mit der Instrumentalisierung von Tieren verbunden. Selbst die modernsten und innovativsten Trainingsmethoden passen nicht in eine Welt, in der sich ein wachsendes Bewusstsein für nichtmenschliche Tiere entwickelt. Die Forschung im Hinblick auf Pferde sollte nicht aus anthropozentrischer Sicht stattfinden, sondern das Verständnis für seine inneren Werte, sein Wohlbefinden und seine Lebensqualität unterstützen und fördern.

ZWEITER TEIL
Ein Leben ohne Druck

Ein zarter Dialog zum besseren Verständnis: kein konkretes Ziel, nur das einander Kennenlernen in einer soziokognitiven Dimension.

Die partnerschaftliche Herde

An einem Mittsommermorgen steht die Sonne noch tief und erzeugt lange Schatten auf dem Boden, während das Licht alles zu umhüllen scheint, auf das es trifft: die Grashalme, den Himmel, die Schmetterlinge, die Bäume, die Schatten und acht Pferde, die nebeneinanderstehen und das um sie herum verstreute Heu fressen. Diese Pferdefamilie besteht hauptsächlich aus zwei- bis neunjährigen Verwandten: Mutter, Vater, ein zweijähriger Sohn, Tanten und ein Onkel. Das Geräusch ihrer Zähne beim Kauen erfüllt die Luft wie ein Mantra.

Die Luft ist nach der kalten Nacht noch frisch. Eine vierjährige Stute hat sich etwas von den anderen Pferden distanziert, beobachtet die auf den Feldern arbeitenden Menschen und genießt die Wärme der ersten Sonnenstrahlen auf ihrem Fell. Einer der Wallache stellt einen Huf auf das Heu, damit er es besser mit dem Maul portionieren kann. Ein anderes Pferd tut dasselbe mit einem am Boden liegenden Ast und löst so die Rinde davon. Zwei junge Stuten interagieren miteinander, indem sie sich gegenseitig Heustängel aus dem Maul zupfen.

Plötzlich hebt eine der beiden Stuten den Kopf und stößt ein kurzes, aber intensives Wiehern aus. Zeitgleich reagiert ein Wallach gereizt auf einen anderen, hinter ihm stehenden Wallach und räumt das Feld. Die Stute spürt diesen Augenblick der Spannung und versucht die beiden Pferde durch ein warnendes, aber doch versöhnlich klingendes Wiehern zu beruhigen.

Daraufhin kehrt der Wallach, der sich zuvor distanziert hatte, wieder zurück an seinen Platz. Als er an der Stute vorbeischreitet, gibt sie ein leises, sanftes Blubbern von sich – das Geräusch, mit dem Pferde sich gegenseitig oder einen Menschen begrüßen oder über das eine Stute mit ihrem Fohlen kommuniziert. Darauf folgt sofort wieder die gleiche ruhige Atmosphäre wie zuvor.

Harmonisches Beisammensein und gegenseitiges Verständnis beruhen nicht auf Verhaltensprotokollen, sondern auf geteilten, natürlich entstandenen Erfahrungen.

Pioggia und Francesco, da sein ohne etwas zu tun oder zu erwarten.

Diese acht Pferde leben zusammen, tauschen Erfahrungen aus und genießen die Gesellschaft des anderen. Es gibt weder Führung noch Hierarchie. Sie bilden eine Familie: Sie beobachten sich gegenseitig, lernen voneinander, harmonisieren ihren Dialog und kennen ihre jeweiligen Besonderheiten. Jedes von ihnen ergreift je nach Situation Initiativen, berücksichtigt die Individualität seiner Gefährten und wacht über andere, wenn etwas passiert. Unabhängig davon, ob sie zusammen sind oder einzeln grasen, zeigen sie immer noch ein partnerschaftliches Verhalten, mit großer Aufmerksamkeit für andere und für die Umwelt. Aus dieser kurzen Episode lassen sich folgende Elemente ableiten:

- Auch wenn ein Pferd nicht direkt involviert ist, kann es die Handlungen eines Mitpferdes vorhersagen und die Auswirkungen verstehen, die diese auf den Rest der Gruppe haben werden, indem es Situationen, kleine Gesten und die inneren Zustände anderer interpretiert (wie die Stute in unserem Beispiel).
- Es gibt Verhaltensweisen vor und nach Konflikten bei Pferden, wie z. B. beruhigendes und assoziatives Verhalten. In diesem Zusammenhang baut die soziale Dynamik keine hierarchischen Beziehungen auf, sondern dient dazu, Bindungen einzugehen und aufrechtzuerhalten.
- Für Pferde kann das Verständnis einer Situation (die aus dem Sammeln, Verarbeiten und Interpretieren von Informationen besteht) genauso wichtig sein wie Futter.
- Pferde verwenden unterschiedliche Stimmausdrücke für unterschiedliche Situationen.

Jeder dieser Aspekte stellt ein interessantes Thema dar, sowohl unter beziehungsgebundenen Gesichtspunkten als auch unter dem Gesichtspunkt des Wohlbefindens von Pferden. Sie sind jedoch schwer zu analysieren, wenn dem Pferd nicht die Möglichkeit gegeben wird, in einem kognitiven Kontext mit anderen Individuen derselben Familie in einer vertrauten oder familienähnlichen Umgebung zu leben. Ein weiteres Hindernis, das praktisch automatisch auftritt, ist unsere Gewohnheit, eine Situation mithilfe von auf Dominanztheorien basierenden Schemata zu untersuchen und zu interpretieren. Tatsächlich wird Hierarchien mehr Bedeutung beigemessen als anderen Aspekten. Wenn wir versuchen, hierarchische Strukturen zu identifizieren, ist uns oft nicht klar, dass wir instabile Situationen beobachten, in denen reaktiv-emotionale Dynamik in unangemessenen Kontexten vorherrscht. Die widersprüchlichen Verhaltensweisen, zu denen sie führen, sind auf die Instabilität der Umgebung zurückzuführen, in der sie auftreten, und nicht auf die beteiligten Pferde. Wir werden fälschlicherweise dazu gebracht, ein Pferd als dominant zu bezeichnen, wenn es durch das reaktive Verhalten anderer irritiert wird. Der Zustand der Aufregung, der bemerkt wird, ist oft eher auf die Lebensbedingungen zurückzuführen als auf ein angeborenes Verhalten.

Ein weiterer Grund für Konflikte zwischen Pferden ist, dass Gruppendynamiken, die innerhalb der Herde auftreten, selten nur durch die Gruppe entstehen. Sie hängen vielmehr vom Kontext ab und der Art der Interaktion, die die Gruppenmitglieder, als Gruppe wie auch als Individuum, mit Menschen haben. Dass Pferde in Umgebungen leben, die nicht ihren Bedürfnissen entsprechen, bedeutet auch, dass sie allmählich ihre angeborenen soziokognitiven Fähigkeiten verlieren und nicht mehr in der Lage sind, subtiler und differenzierter zu kommunizieren.

Leben Pferde in stabilen Familien oder familienähnlichen Gruppen zusammen, wenn sie sich gut kennen und keinem Druck durch den Menschen ausgesetzt sind, können sie einen Konflikt leichter verhindern und in den seltenen Fällen eingreifen, in denen ein solcher auftritt. In einer familiären Gruppe in einem natürlichen Lebensraum sind sie auch stärker an der sozialen Dynamik beteiligt. Selbst wenn sie z. B. fressen, haben sie die Möglichkeit, sich gemeinsam zu bewegen und die gegenseitigen Körperhaltungen, Interessen und Stimmungen zu lesen.

Der Mythos von der Hierarchie in der Herde

DIE ESSENZ DER PFERDE

Die Vorstellung von einer festen Hierarchie in der Pferdeherde und unsere anthropozentrische Perspektive sorgen für einen Teufelskreis, der dazu führt, dass wir viele Elemente und Details im Verhalten von Pferden nicht wahrnehmen.
Uns entgeht der wesentliche Teil dieses Tiers: Das Pferd ist ein empfindungsfähiges und kognitives Lebewesen mit eigenen Vorlieben und sozialen Fähigkeiten.
Glücklicherweise bleibt Raum für neue Entwicklungen und ein neues Bewusstsein in den Bereichen Biologie, Naturwissenschaften, Ethologie, Soziobiologie und Evolution. Diese Veränderungen sind wichtig. Auch wenn viele Menschen instinktiv spüren, dass im Pferd und in seinem sozialen Verhalten mehr steckt als das, was wir traditionell glaubten – ist der Einfluss von Mythen und die Vorstellung vom Pferd als unvorhersehbar reagierendes Fluchttier weiterhin vorherrschend.

ICH TARZAN, DU JANE

Meist fragen sich Pferdemenschen, wenn sie eine neue Herde besuchen, welches der Pferde sich dominant verhält und damit „Chef" der Gruppe ist. Indem wir uns jedoch auf diesen Aspekt konzentrieren, erzeugen wir sofort einen Filter und machen es uns selbst unmöglich, auch die subtileren sozialen Verhaltensweisen zu beobachten: all die kleinen Gesten und weniger sichtbaren Verhaltensweisen, die dennoch eine wichtige zusammenhängende Funktion innerhalb der Herde erfüllen.
Diese Gesten können Folgendes umfassen:
- sich gegenseitig beobachten und sich der Dynamik innerhalb der Herde bewusst sein;

Es gibt viele verschiedene Wege, einander kennenzulernen.

In einer familienähnlichen Gruppe sorgen Empathie und eine geteilte Kultur für synchrone Bewegung.

- eine Situation aus der Ferne während des Fressens analysieren;
- nah beieinander stehen;
- andere Pferde voneinander separieren, falls sie miteinander in Konflikt geraten;
- das Beriechen der Flanken oder des Mauls eines anderen, um eine Situation besser einzuordnen;
- aufeinander zukommen, um nah beieinander zu stehen.

Darüber hinaus wiehern einige Pferde sanft, wenn es innerhalb der Familiengruppe Spannungen gibt. Sie engagieren sich in all diesen Interaktionen, welche Verständnis und Beruhigung vermitteln, während gleichzeitig die Wichtigkeit des Dialoges innerhalb der Herde bekräftigt wird.

Wir können die Auswirkung des Dominanzfilters sehen, wenn wir einige der Bodenarbeitsmethoden betrachten, bei denen sich ein Pferd in einem Roundpen befindet und ein Mensch, ob nun mit oder ohne langen Strick, in der Mitte steht und das Pferd zur Bewegung zwingt, indem er mit den Armen gestikuliert. Er glaubt, dass seine Körpersprache dabei dem ähnelt, was die Leitstute oder ein treibender Hengst tun würde. Diese Vorgehensweise ist jedoch nicht nur unethisch, weil sie eben nicht die komplexe und ausgefeilte Dynamik der sozialen Herde widerspiegelt, sondern sorgt zudem für große Missverständnisse in der Beziehung zwischen Pferd und Mensch, weil sie dazu führt, dass der Mensch falsche Schlüsse im Hinblick auf das Dialogverhalten von Pferden zieht.

Bestehen viele konflikträchtige und kompetitive Verhaltensweisen in einer Gruppe von Pferden, bei gleichzeitigem Fehlen oder nur geringem Vohandensein assoziativer und kooperativer Elemente, weist dieses wichtige Alarmsignal auf einen Zustand allgemeiner Spannungen innerhalb der Gruppe hin. Kooperatives und affiliatives Verhalten ist in Gruppen, die in einer permanenten sozialen Gemeinschaft leben, leicht zu beobachten. Die Stabilität der Herde ist ein wichtiger Faktor für die Verbesserung der Lebensqualität der bei uns lebenden Pferde. In der Tat mögen Pferde keine Konflikte. Sie wollen die soziale Dynamik verstehen, ihre Abstufungen beobachten und sich gegenseitig helfen, ein friedliches und spannungsfreies Umfeld zu gewährleisten. Sie beschäftigen sich nicht mit Hierarchien und Rangordnungen, sondern damit, soziale Beziehungen zu beobachten.

In der Beziehung zwischen Pferd und Mensch können Tricks und Leckereien nicht verwendet werden, um angespanntes Verhalten auszugleichen und zu reduzieren. Sie können das Verhalten nicht wegzaubern oder an seiner Stelle ein emotional ausgeglichenes Tier schaffen. Unser Wunsch nach Gehorsam, Aufgabe und spezifischen Reaktionen lässt uns das Verhalten vertuschen und erlaubt dem Pferd nicht, seine eigenen sozialen Fähigkeiten und inneren Absichten einzusetzen. Trainingsmethoden konzentrieren sich hauptsächlich auf das zu erzielende Ergebnis – den Gehorsam – und ignorieren dabei das wahre Wesen des Pferdes und seine sozialen Fähigkeiten.

WARUM FÜHREN, WENN DU EIGENTLICH TEILEN MÖCHTEST?

In einer gegenseitigen Beziehung ist kein Leadership erforderlich. Jedes Individuum hat seine eigenen, intrinsischen Qualitäten, seine eigenen Stärken und Vorlieben, seine eigene Art, sich inspiriert und motiviert zu fühlen. Jede Be-

Falò und Sparta von Learning Animals.

ziehung ist eine einzigartige Mischung dieser Elemente, und wenn das Wichtigste in unserem Zusammenleben mit jemandem – sei es ein menschliches oder ein nichtmenschliches Tier – die Beziehung ist, können wir lernen, uns dieser Elemente bewusster zu werden. Auf diese Weise wird Raum für eine authentischere Interaktion geschaffen, für einen gegenseitigen und einfühlsamen Dialog, in dem beide Parteien wirklich sie selbst sein und sich frei ausdrücken können. Wenn wir in unserem Zusammenleben mit Pferden über eine solche Beziehung nachdenken, tauchen häufig die folgenden Fragen und Bedenken auf:

- Müssen wir nicht die Führung übernehmen, wenn wir mit einem Pferd unterwegs sind?
- Brauchen Pferde nicht jemanden, der sie führt, wenn sie Angst haben?
- Sollten wir nicht immer versuchen, die Kontrolle zu übernehmen, wenn etwas Unerwartetes passiert?
- Ist es nicht respektlos, wenn ein Pferd uns beißt?

Wir überschreiten unsere Grenzen so oft, dass wir nicht erkennen, wie sehr wir es für selbstverständlich halten, dass unsere Pferdegefährten dasselbe tun. Wenn wir die Lebensqualität des Pferdes verbessern und eine echte Beziehung entwickeln wollen, müssen wir uns selbst der subtilsten Elemente dieser Beziehung bewusst sein und sie berücksichtigen. Nur dann fühlen sich beide Parteien unabhängig voneinander sicher und können die Möglichkeit gemeinsamer Aktivitäten wirklich genießen und anerkennen. Dies kann schon einfach die Erkundung eines Bereichs außerhalb des Pad-

WEISSE UND SCHWARZE ETHOLOGIE:
AUF WELCHER SEITE STEHT DIE WISSENSCHAFT?

Die Ethologie, also die Erforschung des Verhaltens von Tieren, hatte für mich schon immer eine große Bedeutung. Seit meiner Jugend habe ich wichtige Lebensentscheidungen immer der Ethologie gewidmet – sie ist für mich eine große Leidenschaft, ein Studium, das es zu betreiben gilt, um die Forschung für und mit Tieren zu vertiefen, nicht gegen sie.
Heute unterscheide ich zwei Arten von Ethologie: Erstens die „weiße", die darauf abzielt, Verhalten und Wahrnehmung der Welt von Tieren zu verstehen, um zu begreifen, wie wir ihre Lebensqualität verbessern oder garantieren können. Zweitens: die „schwarze", die darauf abzielt, Tierverhalten für anthropozentrische Zwecke wie Leistung und Sport zu verstehen.

Ich habe mich entschlossen, Tag für Tag um eine Welt bemüht zu sein, in der wir uns ohne jegliche Art von schwarzer Ethologie mit Tieren und ihrem Verhalten sowie mit ihrem emotionalen und mentalen Erbe beschäftigen – sei es bei Beobachtungen, bei Interpretationen oder in der Interaktion mit Menschen.

---

docks bedeuten. In einer geteilten Erfahrung bedeutet das Wort „teilen" nicht, dass alle Elemente auf dieselbe Weise geteilt und wahrgenommen werden. Es geht darum, offen und sich der Aufmerksamkeit und des inneren Zustands des „Anderen" bewusst zu sein, und gleichzeitig bereit zu sein, den eigenen inneren Zustand zu teilen. Dies muss nicht unbedingt bedeuten, dieselben Interessen und dieselben Emotionen zu haben. „Erfahrungen zu machen" bedeutet, Ziele, die wir uns gesetzt haben, loszulassen. Die Führung zu übernehmen bedeutet, ständig Ziele zu setzen, die erreicht werden sollen. Dahingegen bedeutet eine Beziehung zu leben, Erfahrungen zu machen. Wenn wir ein Museum besuchen oder mit einem Freund am Strand spazieren gehen, stellen wir uns auch nicht die Frage, wer in dieser Situation der Chef sein könnte. Das Wichtigste ist nicht das Ziel, das wir vor Augen haben, sondern wie wir dorthin gelangen und was wir auf dem Weg dorthin erleben.
Es ist wie Odysseus' Reise nach Ithaka: Es gibt etwas zu entdecken und wiederzuentdecken, aber keine Eile anzukommen. Es besteht keine Notwendigkeit für Perfektion, eine bestimmte Gangart, eine bestimmte Bewegung oder ein bestimmtes Schrittmuster. Die Beziehung zu einem Pferd, auch zu einem Hund oder zu einem anderen Tier, das kann auch ein menschliches Tier sein, ist etwas Kostbares, das man jeden Tag schätzen muss, indem man sich um den Kontext kümmert, in dem sie stattfindet, um den Austausch und den Dialog, der gelebt wird, und nicht um die Verhaltensergebnisse, die man aus dieser Interaktion erhalten möchte.

Eine Konikfamilie in Olanda: Vater, Mutter, Tochter.

Kognitive Essenz

EIGENMOTIVATION – ICH BIN EIN KOGNITIVES FOHLEN

Ein Fohlen bei seinem ersten Treffen mit dem Menschen ist ein gutes Beispiel dafür, wo all die von uns bis hierhin beschriebenen Missverständnisse in der Kommunikation mit dem Pferd schon anfangen. Häufig erhält man für die Interaktion mit einem Fohlen Ratschläge wie diesen:

> *Lass dich nicht treten, wegschieben, beißen oder mit den Vorderhufen berühren. Mach das Fohlen so schnell wie möglich mit dem Halfter vertraut. Wenn du das nicht sofort tust, wird das Fohlen es nie lernen und zu einem verzogenen Pferd aufwachsen.*

Wenn all die Mythen über Pferde stimmen würden, müssten wir uns ernsthaft fragen, warum wir überhaupt eine Beziehung mit diesen Tieren suchen sollten.

Ein Fohlen muss Interaktionen erforschen und verstehen. Aufgrund seiner Fähigkeit, einen ausgewogenen sozialen Austausch zu führen, kann dieser anhand seines inneren kognitiven Zustands bewertet werden. Pferde vermeiden reaktive Verhaltensweisen, wenn sie die Möglichkeit haben, mit vollem Bewusstsein für ihren Körper und die sie umgebende soziale Dynamik aufzuwachsen. Sie brauchen keinen Menschen, der ihr Verhalten kontrolliert und ihnen ihre Grenzen aufzeigt. Vielmehr brauchen sie einen Menschen, der die Dynamik der Situationen versteht. Wenn z. B. ein Fohlen an uns schnuppert, finden wir das meist „süß". Wir finden es jedoch sehr schwierig, uns von einem Tier nur beobachten und beschnuppern zu lassen, herauszufinden, wie sich das anfühlt, wie seine Nase und seine weichen Tasthaare sich anfühlen. Statt einen solchen Augenblick mit dem Fohlen zu teilen, gehen wir oft dazu über, das Tier zu berühren. Meist am Maul. Auf diese Weise unterbrechen wir den Erkundungsprozess und erzeugen eine höhere Wachsamkeit beim Fohlen. Dann schieben wir z. B. seinen Kopf weg, und reagieren so ebenfalls mit einer Zunahme von reaktivem Verhalten (Begeisterung oder erhöhte Wachsamkeit). Nun wird das Fohlen auch reaktiv, worauf der Mensch reagiert, und der Austausch endet oft damit, dass der Mensch das Fohlen wegschiebt. Diese Erfahrung des Fohlens resultiert wahrscheinlich in einem Zustand innerer Konflikte, wenn sich eine solche Situation wiederholt. Die Kunst der Interaktion ist es, eine kognitive

Neeltje und Francesco beim ersten gemeinsamen Kontakt mit einem Strick.

Erfahrung aufrechtzuerhalten: lang genug, um Missverständnisse zu vermeiden, kurz genug, um Verwirrung zu vermeiden. Dies verlangt von uns, eine Verarbeitungsphase zuzulassen. Indem wir uns selbst aus dem Kontakt und der aktiven Erfahrung ausklinken, geben wir der Wahrnehmungswelt des Fohlens Raum. Ignorieren wir dieses Bedürfnis des Fohlens, sorgen wir zwangsläufig für einen zunehmenden Verlust seines geistigen und emotionalen Gleichgewichtes.

HILFE! ICH HABE MEINE EIGENE WAHRNEHMUNGSWELT

Explorative Verhaltensweisen sind für die Erhaltung der kognitiven Fähigkeiten von grundlegender Bedeutung.

Das folgende Beispiel zeigt, wie Reitausbildung derzeit Keime für Konflikte legt und somit die kognitiven Fähigkeiten beeinflusst, indem die Notwendigkeit einer anthropozentrischen Kontrolle betont wird: Ein Reiter beschließt, mit seinem Pferd auszureiten. Unterwegs beobachtet das Pferd die Umgebung und sieht plötzlich zum ersten Mal ein Feld mit jungen Kälbern. Kurz bevor das Feld erreicht ist, bleibt das Pferd stehen, um die Situation zu analysieren. Dies ermöglicht ihm, einen ruhigen, inneren Zustand aufrechtzuerhalten und die Verarbeitung dessen zu ermöglichen, was es sieht. Leider beschließt der Reiter, in diesem entscheidenden Moment einzugreifen. Aufgrund des Klischees des reaktiven Pferdes, das sich entscheiden könnte wegzulaufen, wenn etwas Ungewöhnliches geschieht, und der Prinzipien des Reiters, immer die Kontrolle über das Pferd behalten zu müssen, beginnt der Reiter

Kontakt- und Beziehungserfahrung mit Onda, Erkunden einer Tafel.

durch Schenkeldruck das Tier zu „ermutigen" weiterzulaufen. Es handelt sich um eine automatische Reaktion des Reiters, der auf ein unerwünschtes Verhalten des Pferdes reagiert, anstatt die Wahrnehmung des Tiers zu verstehen. Beim Versuch, das Pferd dazu zu bringen, diese Situation hinter sich zu lassen, erzeugt der Mensch eine Ablenkung und eine Unterbrechung des kognitiven Verarbeitungsprozesses des Pferdes, die dazu führen können, dass das Pferd nun tatsächlich mit „Flucht" reagiert, da es keinen ruhigen und kognitiven Kontext gibt, in dem die Möglichkeit besteht, die Situation eingehend zu untersuchen. Eine gute Reaktion des Reiters wäre es, wenn er absteigen und die Situation mit dem Pferd gemeinsam analysieren würde. Auf diese Weise würde er die Erfahrung mit seinem Pferd teilen und wäre auch in dieser neuen Lernsituation ein Partner des Tiers.

PROTAGONIST DES EIGENEN LEBENS

Um das Pferd als kognitives Wesen wahrnehmen zu können, besteht der erste Schritt darin, die Subjektivität des Pferdes zu erkennen. Das beinhaltet mehr als nur die Akzeptanz der Pferde als fühlende Lebewesen – wenn wir Pferde als Individuen anerkennen, müssen wir zwangsläufig auch aufhören, sie für unsere Zwecke zu instrumentalisieren. Roberto Marchesini, Ethologe am Forschungsinstitut für Human-Animal-Studies in Bologna, Italien, sagt: „Subjektivität ist Dreh- und Angelpunkt aller mentalistischen Überlegungen. Sie ist sowohl Ausgangspunkt als auch Ziel des kognitiven Erklärungsansatzes. Subjektivität bedeutet, Herr zu sein über die Zeit, die man hat, kein Automat zu sein, keine Marionette, die durch die imperative Mechanik eines Fadens zu etwas gezwungen wird, dass man eigene Erfahrungen in der Welt machen kann und dass man Begabungen und Neigungen hat." (aus der Veröffentlichung „Kognitive Modelle und Tierverhalten", Orig.: „Modelli cognitivi e comportamento animale").

Diese Subjektivität einzugestehen kann für viele Menschen eine Herausforderung sein, da wir Dinge aus einer anderen Perspektive betrachten und in unserer Beziehung zu Pferden andere Entscheidungen treffen müssen. Eine zusätzliche Schwierigkeit ergibt sich, wenn Pferde bereits durch ihr Training beeinflusst wurden und auf Menschen oder andere Pferde reaktiv oder automatisiert reagieren.

Wenn wir beispielsweise mit einer „Problemsituation" konfrontiert sind und ein Pferd ein Verhalten zeigt, das vom Menschen als „schwierig" definiert wird, tendieren wir dazu, einen linearen Ansatz zu verfolgen. Wir versuchen, die Kontrolle zu übernehmen und das Verhalten des Pferdes zu modifizieren, um ein „gewünschtes Ergebnis"zu erhalten.

Manchmal können wir auch in einen Teufelskreis geraten, der die Spannung erhöht, anstatt sie zu verringern. Wenn ein Pferd auf uns zueilt, wenn wir einen Paddock betreten, kann unsere Reaktion auf dieses Verhalten Aufregung und Erregung des Pferdes verstärken, eben weil sich das Pferd so schnell nähert. Unsere Anwesenheit wird, indem wir die Erregung des Pferdes erhöhen, zu einer Art energetischem Aktivator, der sowohl das Pferd als auch den Mensch in eine zu intensive Interaktion führt, in diesem Kontext unfähig, sich noch auf etwas anderes zu konzentrieren. Die Spannung nimmt daher tendenziell immer weiter zu. Es ist nicht überraschend, dass ein solcher Teufelskreis, den wir unwissentlich durch unsere eigene anfängliche Annäherung verursacht haben, Bedingungen für ein reaktives Verhalten des Pferdes schafft und Situationen hervorrufen kann, die uns wiederum dazu anregen, in Denkmuster von Führung / Dominanz und Konditionierung / Desensibilisierung zu verfallen.

AGGRESSIV ODER NUR VERWIRRT?

Es ist nicht leicht, unsere Suche nach persönlicher Bestätigung durch den Aufbau von Hierarchien loszuwerden, weil uns in unserer Gesellschaft beigebracht wurde zu vergessen, wie man Beziehungen erlebt. Um eine Erfahrung teilen zu können, müssen wir unseren Drang aufgeben zu klassifizieren, Hierarchieebenen festzulegen und bestimmte Erwartungen zu schaffen. Wir müssen in der Lage sein, unsere Aufmerksamkeit flexibel von dem, was wir selbst erleben, wahrzunehmen und zu fühlen, auf das zu lenken, was das Pferd im Dialog mit uns erlebt, wahrnimmt und fühlt, um dann wieder zu uns selbst zurückzukehren. Das Teilen einer Erfahrung erfordert oft auch einen hohen Grad an Bemühungen vonseiten des Pferdes, da ein Leben voller Konditionierung und Automatismen es dazu geführt hat, seine Sinne und das Bewusstsein für seine Empfindungen, Emotionen und Absichten zu vergessen oder zu ignorieren. Es ist ein doppelter Kreislauf aus Konditionierung und Missverständnissen, der gebrochen werden muss – aber der Aufwand lohnt sich. Für manche Pferde und für einige Menschen kann eine solche Reise in ihr tiefstes Inneres besonders herausfordernd, aber gerade deshalb auch umso notwendiger sein.

Das können z. B. Pferde sein, die so verwirrt sind, dass sie aggressives Verhalten zeigen, oder Besitzer, die trotz bester Absichten ihr Pferd nicht verstehen und dadurch das Gefühl haben, dass sie und ihr Pferd nicht „füreinander gemacht sind". Dies sind hochemotionale Situationen, in denen Missverständnisse in der Beziehung

Schaffe Raum, indem das Fohlen Protagonist seiner eigenen Lernerfahrung sein kann.

Rain, Sparta und Francesco, Momente der gemeinsamen Wahrnehmung.

Spannungen noch weiter verstärken können. Die Geschichte von Mistral, der für ein Jahr in unser Rehabilitationszentrum kam, ist ein großartiges Beispiel dafür, wie diese Kreise des Missverständnisses entstehen und wachsen können.

Als seine Besitzerin uns das erste Mal anrief, war Mistral ein neunjähriger Hengst, der begann, zunehmend aggressive Verhaltensweisen zu zeigen. Die Besitzerin besaß dieses Pferd von klein auf, und liebte Mistral sehr. Jedoch bemerkte sie, nachdem sie mit ihm einige moderne Bodenarbeitstrainingstechniken angewendet hatte, dass ihr mutiger Hengst gefährlich geworden war, und nun machte sie sich große Sorgen.

Als Francesco Mistral das erste Mal traf, befand dieser sich auf einem Paddock, der so konstruiert war, dass man dort auch King Kong hätte einsperren können. Francesco begann mit einer Analyse der Umgebung außerhalb des Paddocks; er betrachtete die Scheune und nahm den Geruch des Ortes auf, an dem Mistral den größten Teil seines Lebens verbracht hatte. Dann ging er auf den Paddock zu, wo Mistral auf und ab wanderte und extrem reaktive Bewegungen zeigte, die seine Frustration und Anspannung ausdrückten. Francesco wartete eine Weile. In einem Moment, in dem sich Mistral umsah, öffnete Francesco das Tor, betrat den Paddock und statt seine Aufmerksamkeit dem Hengst zu schenken, richtete er sie auf den Zaun. Als er den Zaun berührte, fragte er sich, ob dieser in der Lage wäre, etwas zurückzuhalten, das größentechnisch einem King Kong entspräche.

Im nächsten Augenblick begann er, den Sand näher zu betrachten. Er suchte nach Fußspuren und nahm immer noch keine Notiz von Mistral. Dieser starrte unablässig auf Francescos Bewegungen und wartete auf eine Annäherung von ihm. Da Francesco seine Erkundung des Paddocks fortsetzte und Mistral immer noch ignorierte, begann Mistral schließlich mit der Annäherung. Das Pferd schien von der Anwesenheit dieses ungewöhnlichen Menschen fasziniert und zeigte nun selbst ein Erkundungsverhalten: Mistral begann an Francescos Schultern und Beinen zu riechen und begleitete ihn bei der Inspektion des Zauns. Aus seinem zuvor reaktiven Zustand wechselte er in diesem Moment in eine kognitive und neugierige Haltung.

Einige Zeit später wurde Mistral in unser Rehabilitationszentrum gebracht. Hier lebte er in einer Gruppe von Pferden, in der er lernen konnte, wie er auf assoziative Weise mit anderen in Kontakt treten kann, ohne Druck oder Dominanzepisoden. Er wurde wieder er selbst, sensibel und neugierig gegenüber anderen Pferden und Menschen.

Heute lebt er in einem sozialen Kontext und genießt Interaktionen sowohl mit anderen Pferden als auch mit seiner menschlichen Begleiterin.

Der mentale Käfig der Konditionierung

DIE NATUR IST NICHT NEGATIV

Es ist immer noch üblich anzunehmen, dass in der Natur Dominanzhierarchien die Dynamik in Gruppen von sozialen Tieren bestimmen. Selbst unter Wissenschaftlern sind diese Interpretationsmodelle noch omnipräsent, wurden sie doch vor vielen Jahrzehnten in der klassischen Ethologie verwendet, um die Dynamik zwischen Arten zu beschreiben.

Das Konzept von Leadership und Alphaindividuen bei sozialen Tieren wurde durch Studien unterstrichen, die in den 1940er-Jahren die soziale Dynamik von Wölfen untersuchten. Die Studien wurden in einer künstlichen Umgebung durchgeführt, in welcher der soziale Kontext fehlte: Die Wölfe, die für die Forschung zusammengebracht wurden, stammten häufig aus verschiedenen Wolfsrudeln, was bedeutete, dass komplexere Dialoge in Bezug auf familiäre Beziehungen nicht existierten. So machte es den Anschein, als seien die Wölfe in Hackordnungen organisiert, in denen sie kämpfen und um einen höheren Rang wetteifern würden.

In den letzten 30 Jahren wurde dieses Interpretationsmodell von Wissenschaftlern und Philosophen infrage gestellt. Das ebnete den Weg für unterschiedliche Meinungen zum Verhalten von Tieren und zur sozialen Dynamik. Interaktionen müssen in ihrem komplexen Kontext interpretiert werden: Wir sollten keine Interpretation anbieten, bei der wir uns auf eine „Eins-zu-eins"-Beziehung stützen, die von den Dynamiken des gesamten sozialen Kontexts isoliert ist. Ein solcher Austausch sollte auch nicht isoliert in einer kurzen Zeitspanne analysiert werden, ohne die Wechselwirkungen zu berücksichtigen, die vor und nach dieser Zeitspanne auftreten. Wenn wir z. B. ein Wolfsrudel in seinem natürlichen Lebensraum und seiner natürlichen Struktur betrachten, sehen wir eine Familiengruppe, in der die Dynamik nuanciert ist und in der viele Interaktionen auf der wechselseitigen Entwicklung von Fähigkeiten und sozialen Kompetenz

Die Perspektive verändern – dem Pferd folgen.

Sparta und José stecken sich gegenseitig mit ihren Gefühlen an.

beruhen. Sie teilen Erfahrungen, um Ausdrucksformen des Verhaltens zu erweitern und agiler in den unterschiedlichen Interaktionen mit den Individuen dieses Rudels zu werden. Sie lernen, wie man aufeinander achtet, indem man die individuellen Ausdrucksweisen des anderen versteht. Es ist erkennbar, dass jeder Wolf in einer sozialen Organisation unterschiedliche emotionale und kognitive Fähigkeiten besitzt. Dominanzverhalten ist seltener und wird nicht dazu verwendet, Beziehungen zu verbessern oder aufzubauen, sondern eher dafür, bestimmte Situationen zu meistern. Heute haben neue Erkenntnisse die Art und Weise verändert, wie wir Gruppendynamiken betrachten. Allerdings wurde der Hierarchiemythos in der Zwischenzeit auch verwendet, um die soziale Dynamik anderer Tiere sowie Mensch-Tier-Interaktionen zu erklären.

Auch in der klassischen und modernen Welt jeglichen Umgangs mit Pferden zielen bekanntlich alle wichtigen Traditionen und Trainingstechniken auf Disziplin, Kontrolle durch den Menschen und die Unterwerfung des Tiers ab. Folglich lernen Menschen, obwohl sie eigentlich über große empathische und affiliative Fähigkeiten verfügen, die Führung zu übernehmen und dabei den Verlust dieser wichtigen sozialen Fähigkeiten zu riskieren, nur um die Dominanz über das Tier nicht zu verlieren.

Da in Pferdefachkreisen oft mantraartig das Konzept der „Alphastute" bemüht und auf die angeblich strikten Hierarchien und Bestrafungen in der Natur hingewiesen wird, wird es schwierig, die Reakton des Pferdes auf einen Menschen objektiv zu betrachten. Um es noch komplizierter zu machen, werden Trainingstechniken manchmal als „natürlich" bezeichnet, obwohl sie wenig mit der Natur zu tun haben. Wenn wir z. B. die Methoden des Natural Horsemanship betrachten, könnte man oberflächlich betrachtet zufrieden sein, da das Pferd körperlich nicht überfordert zu werden scheint. Jedoch ist der mentale Missbrauch sehr intensiv, leichter zu ignorieren und viel schwieriger zu heilen. Das Einzige, das „natürlich" passiert, wenn jemand ständig und wiederholt unter Druck gesetzt und erschreckt wird, ist, dass dieser Jemand ziemlich sicher am Ende das tun wird, was wir wollen. Angst als Mittel zu verwenden, um eine Reaktion zu erzeugen, ist unethisch und sorgt für eine starke Aktivierung reaktiver Reizantworten, ebenso wie alle anderen anthropozentrischen Trainingsmethoden.

Die folgende Anekdote bezieht sich auf einen besonders intensiven sozialen Augenblick, den wir zwischen Hengsten beobachtet haben und der verdeutlicht, wie unangemessen strenge Rangfolgevorstellungen sind.

> *Im Süden der Niederlande beobachten wir regelmäßig halb wild lebende Pferdegruppen. Bei einem unserer Besuche dort genossen wir von einem Hügel aus den Blick auf die gesamte Gegend. In dem Reservat lebten zu diesem Zeitpunkt zwei Gruppen von Pferden: eine Herde von mehreren Stuten mit einem Hengst und eine kleine Gruppe von vier Junggesellen.*

> *Wir beobachteten die Junggesellen, die sich gerade in der Nähe einer Wasserstelle aufhielten, als plötzlich ein fünftes Pferd auftauchte.*

> *Zuerst dachten wir, wir hätten nicht richtig gezählt, aber mit dem Fernglas erkannten wir den zur Stutengruppe gehörenden Hengst. Er hatte vorübergehend seine Herde verlassen, um die Junggesellengruppe aufzusuchen. Was wir dann beobachteten, hatte nichts mit Dominanz oder der Bestätigung von Rangordnungen zu tun: Die Pferde zeigten einen intensiven sozialen Kontakt, eine ruhige Interaktion von Begrüßungen, sowie einige Spielelemente und einen sozialen kognitiven Austausch. Das Ganze dauerte ungefähr 20 Minuten. Die fünf weideten sogar einen Moment zusammen, bevor der Hengst zu seiner Herde zurückkehrte.*

Die wahre Entdeckungsreise ... besteht nicht darin, dass man nach neuen Landschaften sucht, sondern dass man mit neuen Augen sieht, das Universum durch die Augen eines anderen sieht, von hundert anderen; die hundert Universen zu sehen, die jeder von ihnen sieht und jeder von ihnen ist.

Marcel Proust

Die Natur ist nicht negativ. Wenn wir genauer hinsehen, beziehen sich die meisten Erklärungen, die der Mensch liefert, um die Art zu rechtfertigen, wie er mit Pferden umgeht, in Wirklichkeit auf seine verzerrte Wahrnehmung natürlicher Phänomene (insbesondere wenn es um „unangemessenes Verhalten" geht). Wir übersehen blind die Geduld, Akzeptanz und den Raum, für den Ausdruck des Selbst, den Pferde in einem natürlichen Umfeld zeigen. Unsere Vorurteile hindern uns daran, Pferde als soziale Tiere zu betrachten, die in der Lage sind, sowohl untereinander als auch mit anderen Arten (einschließlich der menschlichen Spezies) einen differenzierten sozialen Dialog ohne Misstrauen, Spannungen, Konflikte oder Konkurrenz zu entwickeln. Dieses enorme Missverständnis wird nicht nur der sozialen Intelligenz des Pferdes nicht gerecht, sondern wirkt sich auch negativ auf die Beziehungen aus, was wiederum Folgen für das Wohlbefinden und die Gesundheit des Pferdes hat. Wir wünschen uns so sehr, dass unsere Pferde aktiv an der Interaktion mit uns teilnehmen, aber wir geben ihnen nicht die Autonomie dafür. Wir nehmen uns nicht die Zeit, eine ausgeglichene Bindung zu genießen, und erzeugen oft dadurch Spannungen, dass wir ununterbrochen Input und Reaktionen erwarten, um unsere eigenen Bedürfnisse zu befriedigen und unsere eigenen Ziele hoffen zu erreichen. Ein Pferd hingegen möchte sich seiner selbst voll bewusst sein, um sich selbstbestimmt auf eine Beziehung einlassen zu können.

Oft wollen wir eine gleichberechtigte Beziehung herstellen, sorgen aber von Anfang an dafür, dass sie niemals ausgeglichen sein kann. Das geschieht sowohl durch Methoden, die beim Pferd körperliche Läsionen hervorrufen, als auch durch solche, die – weniger offensichtlich – die Pferdeseele belasten und dadurch nicht weniger dramatische Auswirkungen haben. Das können unangenehme Situationen (z. B. soziale Isolation während der ersten Trainingsbegegnungen) sein, oder die Anwendung von operanter Konditionierung, die die Möglichkeit spontaner Verhaltensweisen drastisch verringert.

Das nächste Problem ist, dass die sich entwickelnden reaktiven Verhaltensweisen oft als freie Wahl missverstanden werden. Dabei ist es so, dass ein Pferd, das aufgrund der Erwartung von Nahrung auf uns zu gerannt kommt, oder ein Pferd, das uns im Roundpen ohne ein Halfter folgt, keinesfalls aus freien Stücken handelt. Das Pferd zeigt stattdessen sogenanntes Makroverhalten, das uns aus anthropozentrischer Sicht schmeichelt, sowie viele Mikroverhalten, die leider Anzeichen von innerem Konflikt, Frustration oder Apathie sind, von uns aber als solche schwer zu erkennen sind.

Die Faszination von Verhaltenstrainingsmethoden beruht auf dem illusorischen Gefühl der Kontrolle, das sie vermitteln, da sie es uns ermöglichen, den Fortschritt des Trainings zu überprüfen, als ob wir versuchen würden, eine Prozesskette zu optimieren. In der Lage zu sein, Verhaltensreaktionen zu messen, sobald der Mensch einen Reiz setzt, ermöglicht es dem Menschen zu beurteilen, ob dieser zu einem guten Ergebnis führt oder nicht, während er einen analytischen Abstand zum Tier einhält. Offensichtlich ist es, in Anbetracht dieser Art der Interaktion und mit solchen Zielen leicht, die sozialen und kognitiven Fähigkeiten des Tiers sowie seine Emotionen, seine Identität, innere Motivation, Wahrnehmung der Welt und Fähigkeit, sich selbst auszudrücken zu ignorieren. Am Ende erhält man ein verzerrtes Bild der Pferdegefühle.

Unterricht unter Pferden mit Francesco und José.

Denken Sie z. B. an all die Bilder, die wir von Pferden in agonistischen (widersprüchlichen) Aktivitäten mit einem Trainer sehen, bevor dieser letztendlich einen „Streit" über das Verhalten mit dem Pferd „gewinnt". Viele Menschen interpretieren dies dahingehend, dass das Pferd die Situation durchdenkt und eine Wahl trifft. Dabei ist es in Wirklichkeit einfach nur verzweifelt. Die folgende Anekdote handelt von einer Beratung für eine zwölfjährige Stute.

> *Venice war im Inneren ein zutiefst kognitives Tier, aber sie war lange Zeit starken psychischen und physischen Belastungen ausgesetzt, die von als „natürlich" bezeichneten Ausbildungstechniken herrührten, was in ihr viel Widerstand und Automatismus (spontanes reaktives Verhalten) erzeugt hatte. Obwohl dieses Training schon monatelang ausgesetzt worden war, als wir sie trafen, und sie angeblich in der vorangegangenen Zeit „frei" war zu handeln und sich so zu verhalten, wie sie wollte, war ihr reaktives und schematisches Verhalten nicht verschwunden und wurde bei jeder kleinsten Geste oder Bewegung manifest. In Venices Fall war die Herangehensweise, durch neue Erfahrungen, Verhaltensschemata aufzubrechen und so Gewohnheiten abzubauen. Alle Aktivitäten würden auf ihrem Paddock stattfinden und sich danach richten, wie Venice auf unsere Anwesenheit reagierte. Um ihre automatisierten Reaktionen abzulegen, müsste sie in der Lage sein, ihre Erwartungen an die menschliche Interaktion loszulassen. Das würde ihr erlauben, Menschen wieder neugierig zu begegnen, sodass ihr kognitiver Zustand*

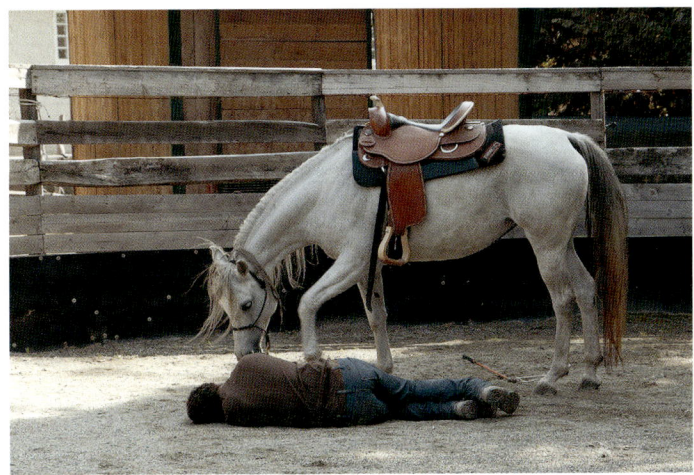

Venice und Francesco. Theaterspielen sorgt für eine kognitive Dekonstruktion.

präsenter würde, sie sich entspannen und mit ihrem menschlichen Begleiter interagieren könnte.
Zur Untersuchung angebotene Objekte interessierten Venice nicht. Sie erwartete Befehle und blieb in ihren angespannten und reaktiven Automatismen. Francesco begann, sich auf bizarre Weise über den Paddock zu bewegen, als sei er betrunken. Das war für Venice sicherlich ungewöhnlich: Ungenaue Bewegungen ohne einen ihr bekannten Zweck weckten ihre Aufmerksamkeit, denn sie entsprachen nicht den Erwartungen der Stute, und erlaubten ihr, sich zu öffnen. Ihre Augen folgten Francesco, und sie begann, seine Bewegungen visuell zu analysieren. Als er sich zu Boden fallen ließ, als sei er betrunken, bewegte sie sich auf ihn zu, um an ihm zu riechen.

Das war seit Langem der erste spontane Ansatz einer Annäherung, den die Stute zeigte. José half dann Venices menschlichen Begleiter ebenfalls, Gewohnheiten abzubauen.

VON DER KONTROLLE ZURÜCK ZUM KONTAKT

Der Mensch unterteilt das Leben des Pferdes in verschiedene Phasen und legt einen detaillierten Lehrplan für jede dieser Phasen fest: Umgang mit dem Menschen, Halterführigkeit, Folgen, Satteln. Wir entscheiden, was und wann ein Pferd lernen muss, und erwarten eine Kooperation ohne Widerstand. Damit das Pferd die Erwartungen erfüllen kann, werden Trainingsmethoden angewendet, die ein präzises Verhalten vermitteln. Wenn wir uns auf dieses Ergebnis konzentrieren, konditionieren wir uns langsam, aber stetig und oft unbewusst darauf, Kontaktaufnahmen des Pferdes zu ignorieren, da sie nicht ins Protokoll passen.

Jemand arbeitet z. B. am Boden oder im Sattel mit einem Pferd. Außerhalb des Arbeitsbereichs ereignet sich etwas, das die Aufmerksamkeit des Pferdes auf sich zieht, welches aufhört, auf den Menschen zu hören oder ihn zu beachten. Meist reagieren Trainer auf solche Situationen, indem sie darauf hinweisen, dass das Pferd Aufmerksamkeit und Konzentration verloren hat und daher korrigiert werden muss. Dies ist offensichtlich eine sehr merkwürdige Sichtweise. Denn das Pferd hat eigentlich in diesem Moment Aufmerksamkeit, Fokus und Konzentration auf die Welt um sich herum wiedererlangt. Pferde müssen mit dieser Welt in Kontakt sein, in die sie jedes Mal zurückkehren, wenn die Arbeit beendet ist. Sobald wir jedoch eine Aktivität mit dem Pferd beginnen, erwarten wir, dass seine Verbindung mit der Umgebung unterbrochen wird, um sich selbst zu isolieren. Aber sobald wir das Pferd dazu bringen, sich nur auf uns zu konzentrieren, gewöhnen wir das Pferd und uns selbst daran, die Welt zu ignorieren und allmählich zu vergessen, dass wir eigentlich Teil der Realität um uns herum sind.

Die Spannung, die durch gewisse Trainingsmethoden entsteht, ist auf das mangelnde Bewusstsein für den mentalen Druck zurückzuführen, den wir auf ein Pferd ausüben, und der eng mit der Ignoranz seiner mentalen Fähigkeiten einhergeht. Je mehr Mikrospannungen wir erzeugen und je mehr soziale Fähigkeiten wir ignorieren, desto größer sind die Auswirkungen auf die soziale Dynamik (in der Interaktion des Pferdes mit uns und mit seiner Herde). Einige Pferde stumpfen so ab, dass sie die Signale anderer Pferde nicht mehr lesen können. Einige sind so gestresst, dass sie bei anderen für Ärger sorgen; oder sie sind so verärgert, dass sie ihre Anspannung an anderen Herdenmitgliedern auslassen, nur um sie abbauen zu können. Dadurch gerät dann die gesamte Herde in einen allgemeinen Spannungszustand.

Wir müssen uns daran erinnern, dass eine Gruppe von Pferden unter natürlichen Bedingungen in erster Linie eine Familie ist, in der Beziehungen von grundlegender Bedeutung sind, und keine Militärbasis, in der Beziehungen durch Kontroll-, Hierarchie- und Führungsmechanismen definiert werden. Es handelt sich um ein soziales Umfeld, das Neugier, Empathie, soziale Dynamik, affiliatives Verhalten und den Wunsch beinhalten, einen ruhigen kognitiven Kontext aufrechtzuerhalten, in dem jeder Einzelne die verschiedenen Dynamiken durchleben kann, ohne defensiven Einstellungen zu begegnen. Es ist unmöglich, das Leben des Pferdes zu verstehen, ohne zu versuchen, das affiliative und kooperative Verhalten der Pferde zu verstehen, die den größten Teil natürlicher sozialer Dynamiken ausmachen, während wettbewerbsorientierte Verhaltensweisen nur ein kleiner Teil davon sind. Wenn wir in der Interaktion zwischen Pferd und Mensch von dieser natürlichen Dynamik lernen wollen, in der das Pferd in einem sozialen Kontext mit anderen interagiert, müssen wir das Konzept der Zugehörigkeit verstehen.

Affiliative Verhaltensweisen spielen eine entscheidende Rolle in der Dynamik der Interaktion und sind in vielen sozialen Spezies vorhanden, z. B. bei Primaten, Wölfen, Raben, Pferden und anderen. Beschwichtigende Verhaltensweisen, die eine der sozialen Funktionen darstellt, dienen dazu, Spannungen sowohl im Einzelnen als auch in der gesamten sozialen Gruppe abzubauen und den allgemeinen Zusammenhalt der Letzteren zu verbessern. Solche Verhaltensweisen sind bei Pferden sowohl in Familiengruppen als auch in familienähnlichen, dauerhaften Gruppen zu beobachten. Wenn z. B. ein Pferd

Was bieten die Nüstern für Möglichkeiten? Sie zeigen Mimik, Interesse, Aufmerksamkeit, Dialog.

Marea und José lenken gemeinsam ihre Aufmerksamkeit auf den Horizont.

Anzeichen von Bedrängnis zeigt, wie etwa Kolikschmerzen, nähern sich ihm die anderen Pferde und stehen still um das betroffene Pferd herum, um zu trösten und zu beschützen. Auf diese Weise lindern sie das Leiden sowohl für den Einzelnen als auch in der Gruppe.

Familien, familienähnliche und dauerhafte Beziehungen sind für den Ausdruck dieses Zugehörigkeitsverhaltens von wesentlicher Bedeutung. In einer neueren Vorstudie des Institute of Learning Animals wurden einige wichtige Elemente der sozialen Kognition analysiert. In diesen Studien wurde drei verschiedenen Gruppen von Pferden ein unbekanntes Objekt präsentiert: eine Familiengruppe unter halb wilden Bedingungen, eine familienähnlichen Gruppe unter domestizierten Bedingungen und eine temporäre Gruppe von domestizierten Pferden. Dann wurden die explorativen Prozesse jeder Gruppe verglichen, wobei die Verhaltensdynamik der Herde vom Augenblick des Entdeckens des Objekts bis zur Unterbrechung des Erkundungsprozesses berücksichtigt wurde. Dieser Vergleich zeigt interessante Unterschiede zwischen den Gruppen, und es wurde festgestellt, dass Gruppenstabilität, in der jeder Einzelne den anderen berücksichtigt, um Spannungen zu vermeiden, einen besseren Erkundungsprozess und folglich eine bessere kognitive Erfahrung ermöglicht.

FUTTERLOB? NEIN, DANKE! ICH MACHE EINE KOGNITIVE DIÄT

Das Bewusstsein sowohl für das wahre Wohlergehen der Tiere als auch für den Wunsch, anders mit ihnen zu arbeiten, um invasive Trainingstechniken zu vermeiden, hat in den letzten Jahrzehnten zugenommen.

Im Verlauf dieser Entwicklung wurde zur Erklärung des Verhaltens und der Lerndynamik von Tieren sowie zur Verbesserung der Trainingstechniken und zur besseren Interaktion von Tieren mit dem menschlichen Tier ein Interpretationsmodell herangezogen – das Modell der operanten Konditionierung. Dieses Modell wirkt sich jedoch negativ auf die individuellen, mentalen, sozialen, emotionalen und physischen Dimensionen des Tiers aus, selbst wenn seine Konsequenzen durch die vom Tier erzielte Verhaltensleistung verborgen sind.

Die Einfachheit der Lerntheorie und die Möglichkeit, sie in eine Reihe von Regeln umzusetzen, die befolgt werden müssen, haben ihr insbesondere im letzten Jahrzehnt enorme Popularität verliehen, während soziales Lernen, latentes Lernen und andere wichtige unbekannte und unerforschte kognitive Aspekte zurückgelassen wurden. Die Popularität dieser Theorie wurde sogar sprachlich durch die Verwendung des Begriffs „positiv" (wie bei „positiver Verstärkung") erleichtert, da er das befriedigt, was der Mensch für das Beste hält, was für jemand anderes getan werden kann: ihm eine Belohnung geben.

Wird die operante Konditionierung in die Praxis umgesetzt, insbesondere nachdem ein Pferd Verhaltensstörungen gezeigt hat, erscheint das Ergebnis für unvorbereitete Augen fast magisch: Pferde scheinen schnell neue Verhaltensweisen zu lernen. Dies entspricht dem Wunsch von Trainern, Pädagogen und Besitzern, die Situation unter Kontrolle zu halten, und erfüllt unser Bedürfnis, beruhigt zu sein, dass dieses Pferd uns keine Probleme bereiten wird. Das Pferd scheint „schnell zu lernen". Diese mechanistische und lineare Methode kann jedoch die intrinsische Fähigkeit des Pferdes, sich auszudrücken, und seine kognitive Fähigkeit, eine bestimmte Situation zu verstehen, beeinträchtigen. Psychologen sprechen von „erlernter Hilflosigkeit", um Situationen zu beschreiben, in denen

Gemeinsame Entspannung: José und einige Pferde von Learning Animals.

Menschen und andere Tiere ihre Fähigkeit verlieren, auf Situationen zu reagieren, selbst wenn sie die Möglichkeit dazu haben – wie es bei Calisto der Fall war, der sich nicht von Dingen entfernte, die ihn erschreckten. Diese Tendenz, sich hilflos zu verhalten, wird normalerweise durch den Wunsch verursacht, unangenehme Umstände zu vermeiden oder positive Belohnungen zu erhalten.

> Von einer unserer Studentinnen: Calisto kam im Alter von drei Jahren zu mir und hatte keine Erfahrung im Umgang mit Menschen. Ich hatte kürzlich eine Trainingsmethode entdeckt, die auf positiver Verstärkung basiert (Clickertraining), und ich dachte, dass dies die richtige Methode sein könnte, um mit Calisto zu arbeiten und eine positive Beziehung aufzubauen. Obwohl sich die Ergebnisse sofort einstellten und zufriedenstellend waren, hatte ich das Gefühl, dass etwas nicht stimmte. Als Calisto etwas älter war, fing ich an, ihn zu reiten. Er protestierte zu keinem Zeitpunkt. Ich fiel nicht runter, er buckelte nicht und er tat alles, was ich von ihm verlangte. Er war in jeder Situation gehorsam und verursachte keinerlei Probleme. Aber seine Lippen waren immer angespannt. Trotz der Ruhe, des allmählichen Trainings und der offensichtlich guten Ergebnisse zeigte Calisto Misstrauen und Angst vor den Gegenständen in seiner Nähe: den Bürsten, der Decke, dem Sattel, den Werkzeugen des Hufschmieds, vor allem. Er zeigte keine Reaktion, aber ich konnte seine Anspannung spüren und das tat mir leid. Deshalb habe ich angefangen, mich für die kognitiven Fähigkeiten von Pferden und für Learning Animals zu interessieren. [S. B.]

Weil sie lineare Reaktionen verstärken, indem sie nach einer präzisen Reaktion verlangen, die unabhängig von der aktuellen Situation des Pferdes ausgeführt wird, stören operante Konditionierung und das daraus abgeleitete mechanische Training (egal, ob negative oder positive Verstärkung angewendet wird) die Problemlösungsfähigkeit des Pferdes, seine Fähigkeit zur Kreativität und seine Fähigkeit zum Umgang mit sich ändernden Umständen. Das Tier wird konsequent darauf trainiert, die Fähigkeit, ein gesundes Verständnis für seine Umgebung zu entwickeln, sowohl zu ignorieren als auch zu unterdrücken.

In den sozialen Medien gibt es heute unzählige Beispiele für Situationen, in denen Futterlob oder Druck verwendet werden. Delfine, Hunde, Pferde, Katzen, Kaninchen, Zebras, Tiger und viele andere Tiere sind dieser Art von Konditionierung ausgesetzt, die harmlos erscheinen mag, aber einen direkten Einfluss hat auf ihr limbisches System (bestehend aus Gehirnstrukturen, die an Emotionen beteiligt sind) hat.

Wir können die Schwere dieses Einflusses verstehen, wenn wir beispielsweise die Bedeutung der Sinne bei Pferden für ihr Wohlbefinden im Allgemeinen und für die Interaktion mit Menschen im Besonderen betrachten. Wenn der Mensch seine Interaktion mit Pferden vertiefen und verbessern möchte, muss er sich darüber bewusst sein, wie Pferde ihre eigenen Erfahrungen machen, und ihnen die Freiheit geben, dies zu tun.

Pferde nutzen ihr Geruchssystem, um Informationen zu verarbeiten, die von Gerüchen herrühren. Sie erforschen und riechen, um eine Verbindung zur Umwelt herzustellen und die Wahrnehmung ihrer Umgebung zu verbessern. Genau deshalb ist es gerade für die Arbeit mit Pferden wichtig zu wissen, wie diese ihre Sinne nutzen, und zu verstehen, wann sich das Tier mit seinen Sinnen auf etwas konzentriert. Das kann alles sein – etwas am Boden, in der Luft, ein Zaun …

Einige Pferde (wie manche Menschen) sind es nicht mehr gewohnt, ihren Geruchssinn zu

Freiheit und Selbstachtung zu haben, eigene Entscheidungen zu treffen und sich auszudrücken – das ist innere Freiheit, die einen gesunden Körper und einen gesunden Verstand bewahrt.

Francesco De Giorgio

nutzen, um ihr Verständnis für eine Situation zu verbessern, und verpassen folglich viele wichtige Informationen, die sie eigentlich beruhigen könnten.

Der Mensch ignoriert die Bedürfnisse von Pferden andauernd: Wenn sie etwa auf einem Weg anhalten und an etwas riechen wollen, befehlen wir ihnen, weiterzulaufen. Wenn sie an einem unbekannten Zaun schnuppern möchten, fordern wir sie auf, mit der „Arbeit" zu beginnen, und so weiter.

Dieses Problem wird noch verstärkt, wenn Pferde an Futterbelohnungen gewöhnt sind. Wenn sie sich auf das Futterlob konzentrieren, wird ihre Reaktion im limbischen System stimuliert, wodurch die Möglichkeit, etwas langsam zu erkunden, und dabei ruhig und neugierig zu bleiben, quasi ausgeschaltet wird. Sie entwickeln eine starke Assoziation von etwas interessantem Neuem, das erforscht werden könnte, mit Futter. Natürlich funktioniert das olfaktorische System immer noch, aber es wird durch einen reaktiven inneren Zustand aktiviert, der von der Erwartung getrieben wird, Nahrung zu finden, statt Informationen über ein neues Objekt in angemessener Weise zu verarbeiten.

Ein Pferd, das in der Hoffnung auf eine Belohnung riecht, ist leicht zu erkennen: Seine Nüstern bewegen sich schnell und mechanisch, ohne vollständig zu verstehen, was sich in der Nähe befindet, der Atem ist flach, die Nüstern berühren verschiedene Objekte, ohne eine Pause einzulegen, um Informationen zu verarbeiten. Im Vergleich dazu versucht das Pferd, das langsam und tief Luft holt, seine Wahrnehmung vollständig zu verstehen, und eine eigene Situationslandkarte zu erstellen. Wir sind es nicht gewohnt, auf diese Art von Details zu achten. Vielleicht erfahren wir nie, welche Art von Informationen das Tier sammelt, aber wir können stattdessen lernen zu erkennen, wie etwas wahrgenommen und verarbeitet wird. Futterbelohnungen können sich zudem unmittelbar auf die täglichen Aktivitäten des Pferdes auswirken. Wenn beispielsweise in Gruppen lebende Pferde den Menschen primär als Futterquelle wahrnehmen, löst die menschliche Präsenz Futtererwartungen und folglich Spannungen innerhalb der Gruppe aus. Dies ist etwas, für das Verantwortung übernommen werden muss, anstatt zu versuchen, die Verhaltensfolgen zu korrigieren, die wir durch die Verwendung solcher Belohnungen geschaffen haben. (Pferde können penetrant, aggressiv, nervös, oder auch mit Apathie reagieren, wenn sie ein Futterlob erwarten, das ihnen normalerweise gegeben wird)

CAN'T BUY ME LOVE

Wir verspüren oft den Drang zu belohnen, weil wir vergessen haben, wie man den Augenblick lebt. Die Belohnung wird ein Ersatz für das tatsächliche Teilen einer Erfahrung, die aus einem intrinsischen Interesse geboren wurde. Dabei könnte sich gerade aus diesem Interesse heraus eine authentische Beziehung entwickeln.

Es ist keine Belohnung erforderlich, um eine ruhiges, zufriedenes, interessantes Leben zu führen. Die Erfahrung selbst sollte schon eine Befriedigung sein. Wir versuchen oft verzweifelt, durch alle Arten von Techniken Kontakt mit dem Pferd herzustellen. Indem wir dem Pferd eine Belohnung anbieten, geben wir ihm nicht die Möglichkeit, auf authentische Weise mit uns in Beziehung zu treten.

Wir müssen uns bewusst sein, dass wir, wenn wir Pferden Belohnungen geben, einen starken Magneten erzeugen, der ihr authentisches Ausdruckspotenzial verringert. Positive Verstärkung

ist eine Form der Konditionierung, die unter das veraltete Verhaltensparadigma fällt. Es ist an der Zeit, diese menschliche Herangehensweise an Tiere infrage zu stellen. Der Behaviorismus ignoriert die mentale Verarbeitung, die Emotionen und den inneren Zustand der Tiere vollständig. Moderne Trainingsmethoden und zahlreiche Interaktionen zwischen Pferd und Mensch, insbesondere solche, die als natürlich, ethologisch, empathisch bezeichnet werden, basieren auf einer noch mechanistischeren, lineareren, deterministischeren und reduktiveren Anwendung, als sie für die operative Konditionierung typisch ist. Dies liegt daran, dass die anthropozentrische Perspektive tief in uns verwurzelt ist und sich hauptsächlich auf die Optimierung des Verhaltensprozesses und die beim Tier erzielten Ergebnisse konzentriert, nicht auf seine Wahrnehmungswelt. Fast alle modernen Methoden sprechen theoretisch vom Tier als Subjekt, von der Arbeit an Beziehung und Dialog, von Vertrauen und Vereinigung, aber in der praktischen Anwendung gibt es kein wirkliches Bewusstsein dafür, was dies alles aus Sicht des Pferdes bedeutet. Diese Methoden beschreiben ein Pferd als „frei", wenn ohne den Einsatz von Ausrüstungsgegenständen gearbeitet wird, wie bei gezähmten Tigern im Zirkus. Allerdings brauchen wir weder Gerten noch Kekse, wenn wir einen Dialog suchen. Diese Methoden kombinieren Training, Zähmung, Brechen, Pferdeflüstern, Desensibilisierung und andere ethisch fragwürdige Praktiken, berücksichtigen jedoch nicht die soziokognitiven Fähigkeiten des Pferdes für die Entwicklung einer Beziehung zu einem „Anderen".
Lebensqualität und eine offene Geisteshaltung entsprechen anderen kulturellen, ethischen, praktischen und wissenschaftlichen Prinzipien, die damit beginnen, das Pferd als ein soziokognitives Wesen zu betrachten, das genauso in der Lage ist wie wir, seine eigene Welt aus Erfahrungen zu schaffen.

ENTSPANNUNG, VERGNÜGEN UND INNERE MOTIVATION

Eines der wichtigsten Merkmale der Berücksichtigung des soziokognitiven Modells ist die körperliche und geistige Entspannung sowohl des Pferdes als auch des Menschen. Dies unterscheidet sich stark vom Konzept der operanten Konditionierung (die positive oder negative Verstärkung nutzt), da Letztere dazu neigt, die Möglichkeit der mentalen Flexibilität zu verringern und nur lineare Assoziationen zuzulassen. Darüber hinaus werden die natürlichen kognitiven Fähigkeiten des Pferdes und die Fähigkeit beschränkt, eine bestimmte Situation zu interpretieren. Pferde sind umso mehr von Menschen abhängig, je weniger sie in der Lage sind, die Welt auf ihre Weise zu verstehen und sich ihrer selbst bewusst zu sein.

Wenn ein kognitives Pferd etwas Neues erforscht, z. B. ein unbekanntes Objekt, können wir Anzeichen von Wohlbefinden wie Entspannung, Vergnügen und Zufriedenheit beobachten. Diese Verhaltenssignale spiegeln einen ausgeglichenen mentalen und physischen Zustand. Pferde in Familiengruppen wissen, wie man mit Situationen umgeht, ohne Panik oder Spannung zu erzeugen. Sie wissen, wie man zusammenlebt und miteinander kommuniziert, wobei jeder seine eigene Persönlichkeit und die Fähigkeit behält, auf kognitive Weise mit seiner Umgebung zu interagieren.

Kognitive Pferde – oder, mit anderen Worten, Pferde, die seit ihrer Geburt die Möglichkeit hatten, ihr instinktives kognitives Potenzial auszudrücken und in einem soziokognitiven Kontext ohne jegliche Verstärkung, Belohnung oder Druck aufgewachsen sind – lieben es, die Welt zu erforschen. Das Erkunden ist Teil ihres evolutionären Gepäcks, ihrer Erfahrung und Weisheit, und der Zugriff darauf sollte für alle, für jeden von ihnen möglich sein.

Pioggia und Francesco: Beziehung, Vertrauen und Teilen.

Dich zu beobachten, lässt mich mir selbst zuhören.

Heute zeigt Calisto, das Pferd aus unserem Beispiel von Seite 78, deutliche Anzeichen von Neugier. Ein neuer Lernprozess hat begonnen, in dem das Tier Dinge erstmals wirklich zu sehen und zu hören scheint: Halfter, Putzzeug, seine Hufe, den Menschen. Es handelt sich hierbei um einen Prozess der Wiederentdeckung oder vielmehr der Entdeckung, da nur das Betrachten von etwas nicht auch gleich bedeutet, dass wir es tatsächlich wahrnehmen. Das gilt für Pferde und Menschen gleichermaßen.

LERNEN LERNEN (AUSSERHALB DES KÄFIGS)

Die soziokognitive Perspektive revolutioniert den Trend der linearen Reizantwort, der für die operante Konditionierung bei der Aus- und Weiterbildung von Pferden typisch ist, vollständig. Bei Pferd-Mensch-Interaktionen verläuft die operante Konditionierung in einer linearen „Eins-zu-eins"-Struktur. In dem mit dem kognitiven Modell verbundenen Denkschema sprechen wir von einer nicht linearen „Unendlich bis unendlich"-Dimension , in der alles um uns herum eine entscheidende Rolle in der Erfahrung spielen kann. Wenn wir z. B. mit einem Halfter auf ein Pferd zugehen, kann ein anderes Pferd auftauchen, um an dem Halfter zu schnuppern. Gibt man dieser Erfahrung Raum, kann dies die Neugier sowohl beim ersten Pferd, das sich nähert, als auch bei einem dritten Pferd erhöhen, das normalerweise Abstand zu den anderen hält. Diese wenigen Minuten sind, wenn sie vollständig gelebt werden, mehr wert, als stundenlanges Training. Ausgeglichene Bewegungen, Konzentration und die Fähigkeit, Menschen und andere Pferde aus einem anderen Blickwinkel zu beobachten, bieten dem Tier alle Elemente, die für ein ausgewogenes Erlebnis (aus körperlicher, geistiger und sozioemotionaler Sicht) erforderlich sind. Wenn Sie auf diese Weise arbeiten, können Sie all die Mikrospannungen beseitigen, die die meisten Pferde durch konventionelle Koexistenz mit Menschen verinnerlicht haben.

Das lateinische Sprichwort „Beati monoculi in terra caecorum" (deutsch: Im Land der Blinden ist der Einäugige König) hilft zu verstehen, wie viel noch über Pferde in einer nichtlinearen Dimension zu lernen ist. Um vom Pferd zu lernen und seine Absichten und Wahrnehmungen einzubeziehen, müssen wir bereit sein, es mit weit geöffneten Augen zu betrachten, das heißt, mit größerer geistiger Offenheit. Wir müssen in unendlichen Möglichkeiten denken und die Mauern zerstören, die durch die Konditionierung in den Köpfen von Menschen und Tieren entstehen. Dies ist die ethische Herausforderung, der man sich in den kommenden Jahren wird stellen müssen. Nach dem soziokognitiven Modell geht es nicht nur darum, sich durch die Sinne der äußeren Welt auszusetzen, sondern proaktiv mit einem neugierigen Geist auf die Welt zuzugehen. Wir könnten es mit Heidegger sagen und dabei seine auf den Menschen bezogenen Ideen auch auf die Tierwelt übertragen, dass der Geist ein „Schöpfer der Welten" ist. Wenn wir den Geist des Pferdes als solchen betrachten, wird es unbestreitbar, dass die operante Konditionierung diesen durch ihre Linearität und Mechanik einschränkt. Die Erschaffung von Welten dagegen gehört zu den kognitiven, emotionalen, affektiven und sozialen Dimensionen des Pferdes. Dieser Ansatz erfordert natürlich ein starkes Bewusstsein und die Anerkennung der soziokognitiven Fähigkeiten von Pferden und unserer eigenen soziokognitiven Fähigkeiten.

DRITTER TEIL
Gemeinsam wachsen

Mit Musik unterwegs! Fantasie ist wichtig, um den Horizont zu erweitern und inspirierende Situationen zu schaffen, die ein gemeinsames Erlebnis ermöglichen.

Marea, Onda, und Sparta genießen ein Sandbad zusammen.

Grundlagen für den Dialog finden

Marea wurde in eine Familie von Pferden geboren, die in den Hügeln nördlich von Rom lebt.

Als sie zwei Jahre alt war, wurde sie von Viehzüchtern aus ihrer Herde genommen, die sie zu einem „Cavallo Buttero" machen wollten, wie die Pferde für die Arbeit am Rind in Italien genannt werden. Das traditionelle Training, dem sie unterzogen wurde, verlief jedoch nicht so wie erwartet: Brandzeichen, die beidseitig an der Hinterhand gesetzt wurden, verstärkten Mareas negative Einstellung und Feindseligkeit gegenüber Menschen so sehr, dass die Viehzüchter beschlossen, das Training abzubrechen und die Stute wieder zu ihrer Herde in die Berge zurückzuschicken. Aber zu diesem Zeitpunkt war die Stute schon innerlich desorientiert. In ihrem jungen Alter war sie völlig verwirrt, was diese Lebenserfahrungen bedeuteten und was sie daraus lernen sollte.

Ein Jahr später trafen wir Marea, als wir ihre Herde besuchten, in der die Mütter einiger unserer eigenen Pferde lebten. Sie hatte beschlossen, weder mit Menschen noch mit anderen Pferden in Kontakt zu treten. Ihr Körper war angespannt und steif, und sie zog es vor, immer auf Distanz zu bleiben. Wenn wir an ihr vorbeigingen, ohne sie direkt anzuschauen, warf sie uns aber einen flüchtigen Blick mit einer Art Neugier und Interesse zu. Wahrscheinlich bemerkte sie in unseren Bewegungen etwas anderes als alles, was sie bis dahin in der

Interaktion mit Menschen wahrgenommen hatte. Wir baten die Viehzüchter, sie gehen zu lassen und ihr zu erlauben, mit uns zu kommen, in eine andere Dimension, in der sie sich von ihren ersten verwirrenden Erfahrungen mit Menschen erholen konnte. Nach einigen weiteren Besuchen brachten wir sie zu unserer Pferdegruppe in den Sabinen-Hügeln, wo zwei ihrer jüngeren Brüder und eine Schwester lebten. Diese waren im vergangenen Jahr angekommen, vor jeglicher Ausbildung oder invasiver Intervention durch Menschen. Mareas defensive Haltung und ihre Entscheidung, ihrer instinktiven Neugier nicht zu folgen, machten es nicht einfach, Wege zu finden, die es ihr erlauben würden, die anderen Pferde oder uns kennenzulernen.

Als wir ihr jedoch den Raum gaben, den sie brauchte, und fortfuhren, ihre Erfahrungsmöglichkeiten mit ihren Familienmitgliedern zu gestalten, konnten wir immer häufiger ihren neugierigen Blick sehen. Eines Tages kam es zwischen ihr und den anderen Pferden zu einem Zwischenfall, und als wir uns ihr näherten, biss sie vorsichtig in eines meiner Kleidungsstücke, was eindeutig ein Zeichen dafür war, dass sie versuchte, Kontakt aufzunehmen und etwas mitzuteilen. Ganz vorsichtig hatte sie den Mut gefunden, etwas auszudrücken, um zu überprüfen, ob wir ihr zuhörten oder sie ignorierten oder, noch schlimmer, bestrafen würden (wie es in der Vergangenheit geschehen war).

Es war ein kleines Fenster, das aufgestoßen wurde und die Möglichkeit bot, einen Dialog aufzunehmen. Es war das erste Mal, dass Marea wieder versuchte, sich auszudrücken, indem sie ihren Instinkten folgte, anstatt automatisch zu reagieren. Ihre Rehabilitation war jedoch nicht einfach, da ihre ersten Erfahrungen mit Menschen nicht positiv waren. Für Menschen ist es sehr schwer, manche Antworten, die aus früheren Erfahrungen entstehen, und negativ interpretiert werden, nicht persönlich zu nehmen.

Entdeckungen warten oft dort auf dich, wo du sie nicht vermutest.

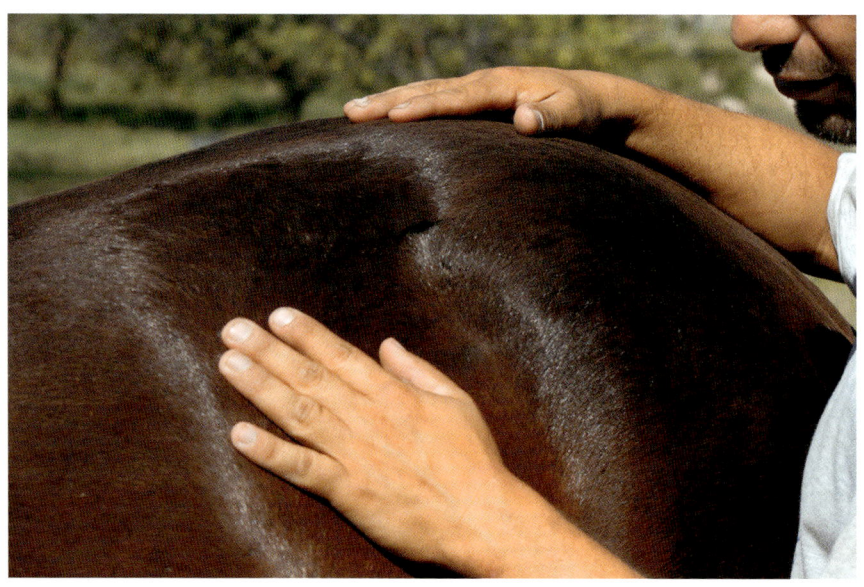

Topazio und Francesco werden durch den Kontakt ein Teil des anderen.

Marea musste man die Möglichkeit geben, neue Situationen zu erleben und immer wieder zu erkennen, dass auch andere Beziehungen möglich sind. Marea musste entdecken, dass sie ihre inneren Spannungen ausdrücken konnte, um all den Widerstand, den sie fühlte, aus ihrem System zu bekommen. Dies ermöglichte es ihr auch, das Selbstvertrauen und ihre Eigenwahrnehmung wieder zu finden, die sie brauchte, um auf ihre eigene innere Motivation zu hören und einen kognitiven Dialog mit anderen aufzubauen, ganz anders als das Reiz-Reaktions-Verhalten in reaktiven Situationen – ein Dialog, der auf kontaktorientierten Gefühlen und Verhalten beruht und sie ermöglicht.

Wäre Marea stattdessen fortlaufend Interaktionen mit Menschen ausgesetzt gewesen mit dem Ziel, sie zu desensibilisieren, hätte sie nicht nach Kontakt suchen können – sie hätte sich einfach daran gewöhnt und bestimmte Interaktionen akzeptiert. Wir können für niemand anders entscheiden, wann er dazu in der Lage ist, sich wieder sicher zu fühlen und defensives Verhalten einzustellen. Es ist unmöglich zu wissen, wann sich Pferde im Umgang mit anderen wieder sicher fühlen oder wann sie sich stark genug fühlen, um auf ihr inneres Selbst hören zu können, anstatt in einem Zustand ständiger Wachsamkeit zu sein, bereit, sich zu widersetzen, was auch immer ihnen in den Weg kommen mag.

So begann Marea unter anderem zu beobachten und „zu sein". Sie war nun auf der Suche nach ihren eigenen Erfahrungen und versuchte zu verstehen, was um sie herum geschah, ohne jemals die Grenze zu überschreiten, über die hinaus sie sich nicht mehr sicher fühlen würde.

Nach einer intensiven Reise der gegenseitigen Beobachtung, Analyse von Beziehungen fein aufeinander abgestimmten Ausdrucksformen öffnete sich die Stute den anderen Herdenmitgliedern, ergriff Initiativen und nahm an gemeinsamen Erkundungsaktivitäten teil. Sie entdeckte Objekte, erkannte andere wieder, wie das Halfter, und begann allmählich, auch Menschen zu erforschen, ausgehend von einem tiefen Bewusstseinszustand und neu geweckter Neugier. Nach ein paar Monaten und einigen Lernerfahrungen organisierten wir einen kurzen Spaziergang mit Marea, ihren Brüdern und Schwestern und einigen Musikern den Hügel hinauf. Es war eine von Mareas ersten Erfahrungen außerhalb ihrer Weide (im Tal), und die Musik schaffte Kontinuität. Mit dem Klang von Yann Tiersens Musik aus „Die wunderbare Welt der Amelie" im Hintergrund waren Mareas Augen weich und offen und beobachteten alles, ob nah oder fern, aufmerksam. Wir konnten fühlen, dass ein Großteil ihrer Anspannung abgefallen war und die Stute die friedliche Atmosphäre mit all den Details der Musik und der Natur, die sie umgaben, untersuchte und genoss.

Heute ist Marea innerhalb der Herde das Pferd, das am neugierigsten auf den Kontakt mit Menschen und die Möglichkeit, Erfahrungen auszutauschen, ist: Sie ist eine schöne Stute, die Menschen mit ihrem Interesse, ihren Beobachtungsfähigkeiten, ihren überlegten Entscheidungen und ihrer sanften Herangehensweise in Erstaunen versetzt.

Der soziokognitive Ansatz: Gemeinsam lernen

VON DER SELBSTBESTÄTIGUNG ZUM GEGENSEITIGEN WACHSTUM

Für ein soziales Tier ist der Dialog ein grundlegendes Element des individuellen Wachstums. Alles, was durch einen Dialog ausgetauscht wird, kann im Kontext der persönlichen Entwicklung, des Selbstverständnisses und der umgebenden sozialen Welt nützlich sein. Da der Dialog Teil eines gemeinsamen Augenblicks ist, sind das Bewusstsein und die Beobachtung dessen, was darin geschieht, sehr wichtige Aspekte. Es ist die dialogische Erfahrung, die Wissen vermittelt und daher die Grundlage für Co-Learning bildet.

Gegenwärtig neigen Menschen dazu, diesen Aspekt der Erfahrung zu vergessen oder zu ignorieren und sich auf das Ergebnis zu konzentrieren. Was sie berücksichtigen, ist die Auswirkung eines Ausdrucks oder Verhaltens auf das andere Individuum, um zu sehen, ob der gewünschte Effekt erreicht wird oder nicht. Die Menschen konzentrieren sich darauf, sich selbst zu bekräftigen, und gewöhnen sich dabei daran, kleine Gesten, Signale, Neugierde und Erstaunen zu ignorieren.

Ein typisches Beispiel hierfür ist eine Coaching-Praxis, die in der „persönlichen Führungsentwicklung" angewendet wird und bei der eine Person ein oder mehrere Pferde bewegen muss. Diese Übung konzentriert sich auf die Selbstbestätigung und auf die Fähigkeit oder „Kraft", Bewegungen von einem anderen Lebewesen zu erhalten, um zu verstehen, ob man einen gewünschten Effekt erzielen kann, der auch in der Geschäftswelt benötigt wird. Es ist ein Verfahren, bei dem wir uns nur auf das Ergebnis konzentrieren („Bewegt sich das Pferd oder

Onda, 2010, erforscht zum ersten Mal ein menschliches Objekt am Ufer des Tevere.

Sparta, Francesco und die anderen, Ruhe und Verbindung während einer Transhumanz.

nicht?"). Dabei setzen wir voraus, dass es für das Tier natürlich sei, nur darauf zu warten, einen Befehl zu erhalten und darauf zu reagieren – die soziale Interaktion des Pferdes wird vollständig ignoriert.

In der Praxis befinden sich sowohl der Mensch als auch das Pferd in einem reaktiven Kontext, in dem einer den anderen nicht kennt, in dem man sich nicht wohlfühlt und in dem beide Erwartungen haben. Im besten Fall schaut sich das Pferd um, riecht am Boden, riecht am Menschen, stellt sich neben diesen oder beginnt sich außerhalb dieses Bereichs umzusehen, immer bemüht zu verstehen und auf der Suche nach Anzeichen für affiliatives Verhalten oder einen möglichen Dialog. Der Mensch seinerseits achtet zugunsten einer illusorischen Machtbestätigung nicht auf all dies und versucht nur, seine Anwesenheit zu erzwingen. Im schlimmsten Fall kann das Pferd so in der Reizreaktionssituation gefangen sein, dass dies in Meideverhalten oder sogar Flucht resultiert. Was diese Praxis verhindert, ist die Möglichkeit einer echten sozialen Interaktion.

Authentisches persönliches Wachstum in einer Beziehung zu Pferden bedeutet, sich im Umgang mit dem „Anderen" seiner selbst bewusst zu werden, die Perspektive des „Anderen" erkennen zu können und sich mit dem in diesem Austausch Erlebten wohlzufühlen. Es gibt kein richtiges oder falsches Urteil und es gibt kein gewünschtes Ergebnis oder die Notwendigkeit, unsere persönlichen Grenzen oder unseren Standpunkt innerhalb einer hierarchischen Struktur zu bekräftigen.

Manchmal, etwa wenn eine Situation neu für uns ist, fühlen wir uns unwohl. Vielleicht fühlen wir uns sogar bedroht, wenn jemand (ein Pferd) uns zu nahe kommt. Statt ein Verhalten zu erlernen, mit dem wir versuchen, die Haltung eines anderen zu kontrollieren, ihn auf Abstand zu halten und dies als Lernphase für Respekt unserer persönlichen Blase und für Aufmerksamkeit zu bezeichnen, sollte wir in solchen Situationen des Unwohlseins, lernen, dass wir die Situation beeinflussen können, indem wir unseren Blickpunkt verändern.

Zurückzutreten wird oft als Zeichen von Schwäche wahrgenommen, obwohl es eher ein Zeichen dafür ist, dass wir erkannt haben, uns in einer unangenehmen Situation zu befinden. Stell dir das

Unbehagen vor, das du empfindest, wenn du im Aufzug von unbekannten Personen umgeben bist. Es ist unwahrscheinlich, dass einer der Anwesenden anfängt, andere zurückzudrängen, um seine Führungsqualitäten unter Beweis zu stellen. Persönliches Wachstum bedeutet, dass das Wachstum darin liegt, wie wir mit unserer eigenen Aufmerksamkeit und der Aufmerksamkeit und Gegenwart anderer (ethisch) umgehen, so, dass sich alle in der jeweiligen Situation wohlfühlen. Es ist genauso wichtig, das Verhalten des Pferdes richtig zu interpretieren und unsere Bedürfnisse nicht darauf zu projizieren. Zum Beispiel könnten wir versucht sein, unser Bedürfnis nach Führung auf Pferde zu projizieren, von denen wir annehmen, sie könnten sich orientierungslos fühlen. Die meisten Pferde suchen jedoch einfach nach Anzeichen von Zugehörigkeit und versuchen, auf soziale Weise, mit einem Kontext umzugehen, der ihnen keinen sicheren Hafen bietet. Das Pferd sucht den Kontakt, nicht jemanden, der ihm Befehle erteilt. Wenn wir etwas von Pferden und unserer Interaktion mit ihnen lernen wollen, müssen wir den Kontext und die kognitive Erfahrung schützen und die Neugier und Aufmerksamkeit im Hinblick auf alle Elemente der relationalen Dynamik fördern.

Der soziokognitive Ansatz ist für die Arbeit an der Entwicklung von Beziehungen von wesentlicher Bedeutung. Durch die Konzentration auf diese Beziehungsdynamik und den gegenseitigen Dialog können Pferde und Menschen kognitive Erfahrungen ohne Erwartungen austauschen, ihre Interaktion erweitern und bereichern und folglich auf ihre eigene Weise zusammenwachsen.

FINDE DEN RICHTIGEN KONTEXT

„Wachsen" bedeutet, dass wir unsere persönlichen Grenzen erweitern können, ohne sie zu überschreiten. Dies ist nur möglich, wenn wir an diesen Grenzen arbeiten. Insbesondere muss sich die Arbeit auf die Grenze selbst konzentrieren, das bedeutet, auf den Bereich, in dem wir uns wohlfühlen und sowohl mit uns selbst als auch mit der Welt um uns herum in Kontakt stehen, nicht außerhalb der Grenze dieser sicheren Basis.

Im Umgang mit Pferden muss der Mensch einen Kontext finden, in dem sich beide wohlfühlen (da beide das Recht auf eine ausgewogene Erfahrung haben). Leider stoßen Menschen heute immer wieder an ihre Grenzen und erwarten, dass Pferde dasselbe tun. Wir haben so viele Verhaltensweisen gelernt, dass wir vergessen haben, wie man „ist" und wie man Dinge tut, während wir mit uns selbst und der Welt um uns herum in Kontakt bleiben. Wir lernen Tricks, Methoden und Techniken, um in etwas „gut" zu werden, aber dabei erleben wir auch problematische Momente innerhalb des Prozesses. Wir sind an die unangenehmen Augenblicke so gewöhnt, dass wir sie für selbstverständlich halten – das sollte aber nicht unbedingt so sein.

In einem kognitiven Kontext zu wachsen bedeutet nicht, die Komfortzone verlassen zu müssen, um neue Dinge zu lernen, da dies bedeuten würde, dass wir nicht mehr in Kontakt mit uns selbst sind. In einem Zustand des Unbehagens außerhalb unserer Komfortzone haben wir das Bedürfnis, Ergebnisse zu erzielen, um wieder Selbstvertrauen zu gewinnen. Wachsen bedeutet allerdings nicht, dass wir uns selbst bestätigten müssen, indem wir uns in gewisser Weise verhalten oder erwünschte Resultate liefern.

Dialog und Lernen können nur existieren, wenn sowohl das Pferd als auch der Mensch bewusst an einer kognitiven Erfahrung beteiligt sind (ohne reaktives Verhalten) und die Beziehungsdynamik ruhig und fließend ist. Zum Beispiel, wenn ein junges Pferd das Halfter unabhängig von einem Ergebnis kennenlernt – dabei spielt es keine Rolle, ob das Halfter tatsächlich über seinen Kopf gezogen wird. Wichtig ist, dass das Fohlen seine eigenen Schlüsse aus der Begegnung mit dem Halfter ziehen kann und sein

Das Staunen gemeinsam neu erlernen.

eigenes Bild und Wissen über das Objekt entwickelt. Die eigentliche Erfahrung kann dann lediglich darin bestehen, dass am Halfter geschnuppert wird. Oder der Mensch könnte das Halfter am Zaun entlang streichen und dabei vom Pferd beobachtet werden. Dann kann es passieren, dass das Pferd näherkommt, um den Geruch des Menschen aufzunehmen. Auch das Vergraben des Halfters auf dem Paddock wäre eine Variante. All diese Situationen können Lernerfahrungen zwischen und gemeinsame Momente von Pferd und Mensch sein. Sie ermöglichen es dem Pferd, eine Vorstellung vom Halfter zu entwickeln, und uns, einen Dialog mit dem Pferd zu entwickeln. Sie sind weder Versuche, das Fohlen für das Halfter zu desensibilisieren, noch Missionen, bei denen Menschen Ziele erreichen müssen. Sie könnten als Augenblicke definiert werden, in denen beide eine Erfahrung leben und dank dieser gleichzeitig individuell zusammenwachsen können. Wenn wir eine Erfahrung mit dem Pferd teilen, Kontakt mit ihm aufnehmen und einen Dialog herstellen wollen, müssen wir zuerst mit uns selbst in Kontakt sein, denn nur dann können wir unsere eigenen Grenzen erforschen und erweitern und die Auffassung eines Tieres in einer gegebenen Situation schätzen, verstehen und respektieren.

Wie bereits erwähnt, gibt es kein Handbuch, das eine perfekte Beziehung garantiert oder eine Reihe von Regeln liefert. So wie es zum Beispiel Menschen gibt, die sich unwohl fühlen, wenn sie einfach nur auf einer Wiese sitzen, die sich bewegen müssen, um das Gefühl zu haben, eine Situation unter Kontrolle zu haben, gibt es Pferde, die neugierig werden, wenn sie jemanden sitzen sehen, und es gibt andere, die stattdessen angesichts einer solchen Situation misstrauisch werden und die eine Person, die sich bewegt, um den Zaun zu überprüfen, sehr viel eher anzieht. Es gibt keine Richtig oder Falsch. Jede Erfahrung ist einzigartig, jede Situation ist anders und jedes Individuum ist anders in Bezug auf Ruhe und Aufnahmefähigkeit sowie auch in Bezug auf Misstrauen und Anspannung. Wir können nur lernen, offener für neue Erfahrungen zu sein und weicher, offener und beweglicher zu werden, indem wir uns über jede gelebte Erfahrung freuen. Wir können lernen, Signale zu lesen, präsent zu sein, und die Tatsache akzeptieren, dass wir Vorstellungen revidieren müssen, um Raum für Austausch und Verständnis für die Grenzen für Kognition und Wohlbefinden des anderen zu schaffen – so wie für unsere eigenen. Um erwachsen zu werden und zu lernen, sich dessen bewusst zu sein, was passiert, muss man die Form brechen, da wir manchmal so konditioniert sind, dass wir uns nur auf unsere eigenen Erwartungen konzentrieren können. Dies passiert sowohl Menschen als auch Pferden. Wenn wir uns beispielsweise einem Pferd in einem Paddock nähern, besteht unser erstes Interesse darin, ihm das Halfter anzulegen. Stattdessen könnten wir dieses Schema durchbrechen, indem wir den Ablauf ändern und bei jedem einzelnen Schritt sowohl auf unsere Gefühle als auch auf die des Tieres achten. Wenn du den Paddock betrittst, geh zielgerichtet bis zu einem bestimmten Punkt. Dort hältst du an und lässt das Halfter fallen. Dann gehst du weiter und entfernst dich vom Pferd. Halte nach ein paar Metern an und schau zurück. Wie fühlst du dich? Wie fühlt sich das Pferd? Durch die Einführung einer neuen Dynamik, bei der automatische Antworten unterbrochen werden, kann Entscheidungsfähigkeit aktiviert werden. Das Pferd kann eigenes Interesse finden und entscheiden, ob das Halfter analysiert oder der Kontakt mit dir gesucht wird. Einige Pferde bemerken möglicherweise nicht einmal, dass du das Halfter fallen gelassen hast, wenn sie nicht

Familienerfahrungen bei Learning Animals: eine Familie, die eine Dynamik mit Francesco und Pioggia beobachtet.

mehr daran gewöhnt sind, Details zu beobachten. Es müssen also noch weitere Schemata durchbrochen werden.

Lernen zu „sein" ist wesentlich für persönliches Wachstum und von grundlegender Bedeutung für eine kognitive Beziehung. Menschen neigen dazu, Dinge schnell zu erledigen und die soziokognitiven Bedürfnisse von Pferden zu leugnen (insbesondere ihre Notwendigkeit, ihren eigenen Lebensraum zu erkunden). Auf diese Weise geraten die Tiere in einen Spannungszustand. Meist sorgen wir für Reaktionen beim Pferd und lassen so einen Teufelskreis entstehen: Bemerken wir ihren reaktiven Zustand, fühlen wir uns gezwungen, sie nach bestimmten Verhaltensregeln zu trainieren, überzeugt davon, dass sie auf die eine oder andere Weise dominiert werden müssen.

Der traditionelle anthropozentrische Ansatz setzt Pferde einer reaktiven Umgebung aus, die keine Lebensqualität garantiert. Im Gegenteil, nur wenn die Beziehung für die Interaktion zwischen Pferd und Mensch von zentraler Bedeutung ist, wird Raum für Wachstum geschaffen.

Kognition zu verstehen ist kein Weg, Leistung zu verbessern, sondern vor allem einer, der uns etwas über Lebensqualität beibringt.

ZURÜCK ZU UNSEREN SINNEN

Zunächst kann es schwierig sein, den richtigen Lernkontext für ein Pferd zu schaffen, da wir lernen müssen, präsent zu sein, ohne zu versuchen, Ereignisse zu steuern oder Ergebnisse zu erwarten. Wir müssen in der Lage sein zu beobachten, wie das Pferd sich in seiner eigenen inneren Realität fühlt und verhält und uns davon faszinieren lassen. Wir können ein Pferd beispielsweise dabei beobachten, einem Geräusch zu lauschen und unsere Beobachtungen darauf konzentrieren, bis seine Aufmerksamkeit auf etwas anderes gelenkt wird, oder wir könnten versuchen, mit ihm gemeinsam zu lauschen. Obwohl unsere Sinne und Fähigkeiten unterschiedlich sind, ist die Menge an Details, die wir so beginnen wahrzunehmen, beeindruckend.

Wir sind es nicht mehr gewohnt zuzuhören, zu

beobachten und uns unserer Sinne bewusst zu werden. Wir könnten, wenn sich uns ein Pferd nähert, um etwa an unserem Haar zu riechen, dies zulassen, bis das Pferd fertig ist, oder wir könnten versuchen, auch etwas zu fühlen. Wenn wir die Nüstern und den Atem des Pferdes wahrnehmen, könnten wir uns fragen, was das Tier in diesem Moment fühlt. Auf diese Weise würden wir eine Erfahrung teilen, anstatt passiv zu warten. Wenn wir den Moment teilen, sind wir sowohl dem Pferd als auch uns selbst näher. Um Beziehungsdynamiken zu verstehen, müssen wir uns erlauben, neugieriger zu sein und uns von der Sicht des anderen auf diese Welt faszinieren zu lassen. Wir müssen unsere Sinne benutzen und uns ihrer bewusst sein:

- Unser Blickpunkt: Wo ruht unsere Aufmerksamkeit?
- Unser innerer Zustand: Sind wir ruhig genug, um dem „Anderen" gegenüber offen zu sein? Um hören, beobachten und verarbeiten zu können, was wir sehen?
- Keine Abhängigkeit von Methoden oder Regeln: Jede Beziehung ist einzigartig und beruht auf Wissen, Verständnis und Bewusstsein. Jeder Moment und jede Interaktion hängen von der Situation ab.
- Keine Erwartungen, nur Neugier.

Wir müssen auch lernen, Dinge anders zu machen oder vielmehr neu zu erlernen, was wir nicht mehr gewohnt sind:
- Kontrolle verwerfen
- Geduld haben und uns selbst erlauben, uns einzubringen;
- interessiert und neugierig sein in Bezug auf das Pferd;
- Informationen wieder mit den Sinnen verarbeiten;
- die Konzentration von unserer eigenen Wahrnehmung des anderen auf die Wahrnehmung des anderen verlagern (auch wenn wir keine genaue Antwort bekommen).

Allmählich wird diese große Neugier, Offenheit und Achtsamkeit ein Teil von uns und unserem täglichen Leben, auch wenn wir nicht bei den Pferden sind. Für viele Menschen stellt dies eine

Wachstumsreise dar, die dazu führt, dass sie kognitive Fähigkeiten erwerben und verstehen, wie sie das Pferd schützen und respektieren können und wie Raum für ein Verständnis des anderen geschaffen werden kann.

Kognitive Fähigkeiten erfordern einen dialogischen (also durch einen Dialog gekennzeichneten) Lernkontext, bei dem alle Beteiligten ihr eigenes kognitives Erbe zur Verfügung stellen, um gemeinsam neues Wissen und neue Erfahrung aufzubauen. Wichtig ist nicht das Ergebnis, sondern wie man dorthin gelangt, gemeinsam, auf einem Weg des gemeinsamen Lernens.

Von einem Studenten:

> *Sie war eine wunderschöne Araberstute, aber vom ersten Moment an, in dem ich mit ihr zu arbeiten begann, spürte ich, dass etwas nicht stimmte. Egal wie klein die Schritte waren, die ich machte, um sie an den Sattel zu gewöhnen oder einfach nur mit ihr spazieren zu gehen, immer hatte ich das Gefühl, dass wir uns nicht verstehen konnten. Jede Initiative endete in einem Konflikt, und unsere Interaktion wurde immer angespannter. Sie begann, sich innerlich immer mehr zu verschließen. Nachdem ich nun den soziokognitiven Ansatz kennengelernt habe und von dem Bedürfnis meiner Stute weiß, ihr eigenes intrinsisches Interesse zu erforschen und zu erkennen, und von der Notwendigkeit, dass ich keine Erwartungen habe und es ihr erlaube, mit dem Rest der Herde ihre Welt zu erkunden, haben sich die Dinge allmählich geändert. Jetzt kann sich die Stute auf Dinge konzentrieren, ohne vom Druck der menschlichen Erwartungen abgelenkt zu werden. Ich habe auch angefangen anders zu sprechen: Vorher hatte meine Stimme einen aufgeregten Ton, der mich in eine Art Trancezustand versetzte (so konnte ich das, was um mich herum geschah, ausblenden), jetzt schweige ich meist lieber. Ich bin damit beschäftigt, all die kleinen Gesten zu beobachten, inklusive meiner eigenen Bewegungen, und die Wirkung, die diese auf ein bestimmtes Pferd haben, dem ich mich nähere, sowie auch auf die Herde im Allgemeinen.*
>
> *Jetzt bemerke ich oft, dass die Stute auf der Suche nach neuen Erfahrungen ist: Sie sucht das Gelände ab, beobachtet andere Pferde, legt sich hin und versucht, es sich bequem zu machen. Wir haben auch angefangen, Dinge gemeinsam zu erkunden, und sie wurde sehr ruhig und hilfsbereit. Es war nicht leicht, meine Angewohnheit, alles zu kontrollieren, zu ändern, aber es hat sich gelohnt.* [L.S.]

Learning Animals: Studienwege in Theorie und Praxis.

„Wir dürfen nicht aufhören zu erkunden, und am Ende all unserer Nachforschungen werden wir dort ankommen, wo wir begannen und den Ort das erste Mal erkennen."

Thomas Stearns Eliot

Von der Leistung zur Beziehung

EINE LEISTUNGSORIENTIERTE GESELLSCHAFT

Unsere Gesellschaft ist leistungsorientiert. Wir lernen, uns richtig zu verhalten, um in sozialen Interaktionen das richtige „Ergebnis" zu erzielen. Wir schütteln jemandem die Hand oder küssen ihn, auch wenn wir keine Lust dazu haben. Wir sind überzeugt, dass wir eine gute Interaktion „inszenieren" können, wenn wir uns alle einig sind, wie eine „gute" Interaktion aussehen soll. Wir verhalten uns in einer bestimmten Weise, um ein Bild zu erzeugen, das wir für richtig halten. Alles scheint zu funktionieren, weil wir in diesem Prozess auch darin besser werden, die Nuancen kleiner Gesten und Hinweise auf Emotionen und emotionale Zustände anderer zu ignorieren. Wir vergessen sogar unseren eigenen inneren Zustand. Wenn du also jemanden fragst, ob er verärgert ist, ist seine Antwort wahrscheinlich: „Nein, bin ich nicht!" Die eigentliche Botschaft lautet: „Bitte ignorieren Sie die Tatsache, dass ich verärgert bin!" Wir haben aufgehört, neugierig auf die Weltwahrnehmung eines anderen, seine Absichten und Ideen zu sein, und konzentrieren uns nur auf seine Reaktion auf unsere Anwesenheit.
An dieses Verhalten sind wir inzwischen gewöhnt, ebenso viele Pferde. Sie sind sogar im Dialog miteinander taub geworden, weil sie selten Situationen erleben, in denen sie neugierig aufeinander sein dürfen oder sich mit sich selbst verbunden und ausreichend wohlfühlen, um sich auf Erkundungen einlassen zu können.

AUSSERHALB DES KORSETTS AUTOMATISCHER ERWARTUNGEN

Einen Augenblick wahrnehmen zu lernen ist ein Prozess, der damit beginnt, neugierig auf das zu sein, was dieser Augenblick uns vermittelt. Dazu

müssen wir Erwartungen vermeiden. Sie sorgen nur für eine fixe Vorstellung davon, was für diese Situation am besten geeignet sein sollte, und machen es schwierig, andere Verhaltensweisen und andere Szenarien zu bemerken.
Folglich neigen wir dazu, die Dinge nach dem linearen Aktions-Reaktions-Muster zu betrachten, obwohl es viele andere Elemente gibt, die einer Interaktion Farbe verleihen können.

> *Ein Freund von uns, ein Naturforscher, der auf das Studium von Insekten spezialisiert ist, liebte es, mit seinem jungen Pferd spazieren zu gehen. Natürlich hatte er ein Auge fürs Detail, aber – wie so oft in der Pferdewelt – hatten ihn Mythen, Gewohnheiten und das reaktive Umfeld dazu gebracht, Details im Umgang mit seinem Pferd allmählich nicht mehr wahrzunehmen und zu meinen, er müsse sein Pferd kontrollieren. Der Kontakt zwischen Mensch und Pferd ging verloren.*
>
> *Da er viele Fragen und Probleme im Hinblick auf sein Pferd hatte und seine Trailritte zum kontinuierlichen Konflikt wurden, entschloss er sich, für einige Tage zu uns zu kommen. Wir rieten ihm, uns in unserem täglichen Umgang mit der Herde zu beobachten. Er war erstaunt, wie viele Details wir ihn in der Interaktion zwischen Pferden und auch mit Menschen entdecken ließen.*
>
> *Er fuhr heim, um die Bedeutung dessen, was er gesehen hatte (auch im Gegensatz zu dem, was er bis dahin gelernt hatte, zu ignorieren oder für selbstverständlich gehalten hatte) sacken zu lassen. Nach einer Weile schrieb er uns, dass das Spazierengehen für ihn und sein Pferd nun zu einem Abenteuer geworden sei. Wenn die beiden jetzt rausgehen, reitet er tatsächlich eine Weile, steigt dann aber ab, um ein bestimmtes Insekt zu untersuchen. Oft folgt ihm das Pferd, um zu überprüfen, was er sich gerade anguckt. Auf diese Weise wurden ihre Spaziergänge zu einer entspannten gemeinsamen Erfahrung statt zu einem Kampf um die Kontrolle.*

Kognition zu verstehen hat auch mit Mikroverhalten zu tun, mit Details und damit, jeden minimalen Ausdruck als eine Form des Dialogs zu betrachten, da Pferde viel beobachten, aber nicht immer offensichtliche Verhaltensweisen zeigen. Pferde erarbeiten zum Beispiel viele Informationen beim Grasen, aber wenn ein Pferd ein drei Meter entferntes Objekt 20 Minuten lang beobachtet, neigen wir dazu, davon auszugehen, dass das Pferd an dem Objekt kein Interesse hat, und ersetzen es gegebenenfalls durch ein Objekt, das wir für spannender halten (wir setzen spannend also gleich mit etwas, das eine sichtbare und oft reaktive Reaktion hervorruft). Wir gehen davon aus, wie wir mit einem interessanten unbekannten Objekt umgehen würden, nämlich indem wir es berühren – dabei überspringen wir die olfaktorischen Informationen und die Beobachtung des Objekts in seinem weiteren Kontext. Ein interessiertes Pferd ist manchmal nur mit den Informationen zufrieden, die aus seiner aktuellen Perspektive – auch aus der Ferne – erfasst werden können. Zu

Kontakt entsteht dort, wo Erwartungen aufgegeben werden. Letztere stellen in der Tat ein großes Hindernis für jede authentische Beziehung dar, in der Jeder Raum und Zeit frei wählen können sollte.

Lernen: Erfahrungen und Beziehungen schaffen.

einem anderen Zeitpunkt kann es durchaus sein, dass das Pferd seine Beobachtung weiterführen, und sich dem Objekt nähern möchte. Dies erfolgt dann aber grasend und ohne dabei von einer Notwendigkeit getrieben zu sein, sich zu nähern. Ebenso kann es als Unbehagen interpretiert werden, dass ein Pferd neben einem Objekt bewegungslos verharrt („Das Pferd weiß nicht weiter"). Oft wird ein solcher Moment dann unterbrochen. In Wirklichkeit hat das Pferd zu diesem Zeitpunkt aber vermutlich einfach Informationen verarbeitet, die sich auf das Objekt beziehen oder auf das, was das Pferd im Zusammenhang mit ihm innerlich wahrnimmt. Unsere Erwartungen und Projektionen machen es uns zum einen unmöglich, diese Verarbeitungsprozesse zu bemerken und zu verstehen, und zum anderen verhindern sie, dass wir erkennen, worin eine kognitive Lernerfahrung besteht.

Je extremer die Konfrontation des Pferdes mit starken Geräuschen und dem plötzlichen Auftauchen und Verschwinden von Gegenständen ist, desto mehr wird es durch diese (unangemessene) Herangehensweise, an Reaktivität gewöhnt: Es erhöht seinen Spannungszustand, anstatt in ruhiger Haltung Dinge entdecken zu können.

Wir können vieles von Pferden lernen und ihnen die Freiheit geben, sich auszudrücken. Wir können zum Beispiel von ihrer Fähigkeit lernen, eine soziale Dynamik in ihrer Gesamtheit zu beobachten oder sich Zeit zu nehmen, zu entscheiden, was wir wann erkunden möchten. Manchmal kann es für ein Pferd interessanter sein, ein anderes Pferd bei der Interaktion mit einem Objekt zu beobachten, als das Objekt selbst zu erkunden, da dies ein bessere Möglichkeit bietet, etwas über das andere Individuum zu erfahren.

MUSTER AUFBRECHEN

Anstatt in Linearität, Aktions- und Reaktionsmustern zu denken, sollten wir in Kontexten denken. Jede Interaktion ist Teil eines Kontextes, und jedes Mal müssen wir uns fragen, wie dieser Kontext aussieht: Gibt es andere Pferde? Welche Dynamiken bestehen zwischen ihnen? Befinden sie sich in einer ihnen bekannten Umgebung? Welche Auswirkungen hat der Mensch auf die Situation? Schaffen wir Spannungen oder haben wir Erwartungen?

Wir sollten lernen, einen „guten Kontext" zu erkennen und aufrechtzuerhalten, in dem Individuen ihre soziokognitiven Fähigkeiten in einem ausgewogenen Zusammenspiel einsetzen können.

Um dies zu tun, um die Muster und automatischen Reaktionen aufzubrechen, ist es wichtig, keine Erwartungen zu haben. Anstatt uns auf die Verhaltensweisen zu konzentrieren, die wir erwarten, sollten wir versuchen zu verstehen, was dieses bestimmte Pferd in diesem Moment und in diesem Kontext erlebt. Anstatt uns auf die Aktivität zu konzentrieren, die wir vor Augen haben, und daher Erwartungen zu wecken, sollten wir uns der anderen Dynamiken, die das Pferd erlebt, bewusst sein, sie respektieren und berücksichtigen.

Wenn wir uns des Kontextes bewusster werden, wird eine solche Herangehensweise den Fokus unserer Wahrnehmung in einer bestimmten Situation völlig verändern, auch im Kontext unserer Interaktion mit Pferden. All dies wird es dem Pferd erlauben, die Möglichkeit, bewusste Entscheidungen zu treffen, wiederzuentdecken und dabei den Wert seiner eigenen Subjektivität auch in Interaktionen mit Menschen zu erkennen.

Hier ein weiteres Alltagsbeispiel, wie wir festgefahrene Schemata auflösen können:

> *Lisa betrat die Wiese mit einem gelben Kissen. Sie platzierte dieses in der Mitte der Wiese und entfernte sich in einem Bogen, um es dann aus der Ferne zu beobachten. Auch Jazz, ihre Quarterhorse-Stute, die jedes Mal das Weite suchte, wenn Lisa den Stall betrat, beobachtete das Kissen. Für ein paar Minuten sah es so aus, als würde Jazz sich nicht dafür inte-*

Falò und Francesco, ein gegenseitiges Erlebnis schaffend.

ressieren, was hier vorging. Schaute man aber genau hin, konnte man sehen, dass Jazz sich langsam gedreht hatte, um sowohl Lisa als auch das Kissen zu betrachten. Nach ein paar weiteren Minuten baten wir Lisa, auf das Kissen zuzugehen und nur die Intensität seiner Farbe aufzunehmen.

In dem Moment, als das Mädchen sich in Bewegung setzte, zog es auch Jazz zum Kissen. Als beide es erreichten, hörte Lisa, dass Jazz daran roch – kein argwöhnisches Schnauben, sondern sie nahm einen tiefen Atemzug. Danach drehte sie ihren Kopf, um an Lisas Schultern zu riechen. Zur selben Zeit nahm Lisa Hufabdrücke im Boden wahr, den Geruch der Wiese und wie weich Jazz´ Bewegung war. Sie ging zurück zum Zaun und ließ Jazz mit

diesem sanften Ausdruck in den Augen zurück, den sie schon lange nicht mehr gesehen hatte und der wahrscheinlich ihrem eigenen ähnelte. [Z. B.]

„Meine Stute ist neun Jahre alt und etwas dominant. Sie läuft einfach durch einen durch. Dieses Verhalten zeigt sie immer, wenn jemand den Paddock betritt."
Diese Äußerung ist ein typisches Beispiel für einen Aktions-Reaktions-Mechanismus, bei dem eine Person denkt, dass sie vom Pferd „getestet" wird und dann versucht, unerwünschtes Verhalten durch Kontrolle zu eliminieren. Solche Probleme treten bei Pferden auf, die, obwohl sie normalerweise sehr aufmerksame Beobachter sind, in Anwesenheit eines Menschen, nicht mehr beobachten können, weil es dafür nie den richtigen Augenblick oder die richtige Bedingung gibt. Während der Beratung arbeiten wir zeitgleich mit dem Pferd und seinem menschlichen Begleiter, um beide dazu zu bringen, ihre gemeinsa-

men Gewohnheitsmuster aufzugeben. Auf diese Weise hat der Mensch die Möglichkeit, das Pferd aus einem anderen Blickwinkel zu betrachten, und das Tier hat die Möglichkeit, seine automatischen Reaktionen aufzugeben, um eine bewusstere Art der Interaktion zu finden. In diesem Fall war das wichtigste Element, der Stute den nötigen Raum und die nötige Zeit zu geben, um ihr Bedürfnis und ihre Freude am Entdecken zu befriedigen.

Die Besitzerin der Stute sollte sich auf einen Baum konzentrieren, dann luden wir sie ein, hinzugehen und diesen von Nahem zu betrachten. Die Stute sah aus, als wäre sie von der Aufmerksamkeitsveränderung überrascht und begann ebenfalls, den Baum mit einem intensiven Atemzug zu untersuchen. Unerwartet parkten Leute ein Auto auf der Straße und stiegen aus. Die Besitzerin der Stute drehte sich um, beobachtete dies, während die Stute selbst sich neben ihr herumdrehte. Beide standen ein paar Minuten da und betrachteten gemeinsam die Leute, wie diese Taschen im Auto verstauten – Schulter an Schulter, konzentriert, keine Spur von Konflikt oder Missverständnis.

VORSTELLUNGSKRAFT

Wie können wir diese lineare Tendenz loswerden, das erwartete Verhalten kontrollieren zu wollen? Wie können wir einfach nur ein Erlebnis schaffen? Kreativität ist gefragt. Und um Kreativität zu wecken, müssen wir Wahrnehmung entstehen lassen und Raum schaffen für Vorstellungskraft.

Besitzer und Pferd können im Lebensraum des Pferdes gemeinsam auf Entdeckungsreise gehen: Der Ast unter dem Baum hat zum Beispiel eine raue Oberfläche, einen spezifischen Geruch oder zeigt Spuren der Verwitterung; oder vielleicht hat ein Grashalm eine besonders schöne Grünfärbung. Stammt die Feder auf dem Boden vor dem Wasserbottich von einem Adler oder eher von einer Taube? Und haben wir die Schubkarre oder den Zaun schon einmal näher inspiziert?

Gefrorene Finger

Wenn ich mit Pferden unterwegs bin, lasse ich mich von vielen Dingen inspirieren.
Ich kann den kalten Wind nordischer Winter in den Wind einer Welt ohne Zeit verwandeln.
Ich spüre, wie meine eiskalten Finger sanft die Zügel halten und erlebe einen Sprung in andere Dimensionen, in eine andere Wahrnehmung.
Wie in einer Zeitmaschine – zwischen den Pferden, unter den Pferden, in diesem Moment, in Vergangenheit und Zukunft.
Ich kann die Rufe der über uns fliegenden Gänse hören, jetzt fühle ich mich ins südliche Kanada des 18. Jahrhunderts versetzt.
Ich hinterlasse mit den Pferden Fußspuren im Schnee, finde Spuren von Bären und spüre, wie mir ein energischer Schauer über den Rücken läuft.
Ich höre den Ruf anderer Pferde, von Elchen und Wölfen.
In meinem Haar erscheinen Krähen-, Falken- und Adlerfedern.
Ich werde, was ich immer war.
Ich werde, wer ich nie war.
Meine Vorstellung wird zu einem gemeinsamen Erlebnis mit den Pferden. Gemeinsam haben wir unser geheimes Abenteuer geschaffen.

Lässt man sich auf eine solche gemeinsame Zeit ein, verblassen Probleme allmählich, die das als „übergriffig" wahrgenommene Pferd ursprünglich gezeigt hat, und verschwinden schließlich ganz von selbst, wenn das Pferd einen Weg zurückfindet, neugierig auf seine Umgebung zu sein.

In einer Situation, die frei von Erwartungen und Zwängen ist, in der der Mensch einfach da ist, ohne etwas vom Pferd zu verlangen, können Pferde beginnen, sich zu öffnen. Sie können sich die Zeit nehmen, ihre eigenen Wahrnehmungen zu erleben, sie können den neuen Freiraum um sich herum spüren und sie können ihrem Drang zu erkunden und ihrem Bedürfnis, ihre Umwelt, ihre Interaktionen und ihre Beziehungen kognitiv zu verstehen, folgen. Vorstellungskraft ist wichtig. Sie ist ein gut wirksames Medikament gegen eingeschränkte Sichtweisen und Automatismen und ermöglicht die Entdeckung unerforschter Gebiete.

Ähnliche Situationen können auch geschaffen werden, indem wir außerhalb des Paddocks bleiben und so dem Pferd die Möglichkeit geben, selbstständig zu beobachten, bevor der Mensch die Weide betritt und bevor erneut automatische Verhaltensreaktionen abgerufen werden. Dabei könnten wir Dinge bewegen und dann diese Tätigkeit unterbrechen, um zu beobachten, was geschieht. Pass deine Bewegungen an, um dem Pferd Zeit zu geben, seine Neugier zu entdecken und um Stressreaktionen zu vermeiden. Durch solche von dir inszenierte Situationen kann eine neue Dimension des Dialogs, des Austauschs und des Teilens entstehen.

Wenn der Verstand einmal durch eine neue Idee erweitert wurde, wird er nie wieder zu seiner ursprünglichen Größe zurückkehren."

Oliver Wendell Holmes jr.

Von der Leistung zur Beziehung

Jede Beziehung ist einzigartig.

Co-Learning: Die Zukunft gestalten

AUF DER SUCHE NACH ERFAHRUNGEN, NICHT NACH ERGEBNISSEN

Zu lernen, dass Interaktionen situativ sind und dass wir in einem Moment leben können, ist ein wichtiger Anfang.
„Offen" für den Augenblick zu sein, ist einfacher, wenn wir Neugier entwickeln und uns der Welt um uns herum öffnen, indem wir unsere Sinne benutzen. Zu oft schauen wir, ohne zu sehen. Wir erkennen Dinge mit unserem Verstand, ohne wirklich zu realisieren, was wir sehen. Wir schauen uns Pferde an und denken: „Sie beobachten uns!", aber wir fragen uns nicht, woran wir das eigentlich festmachen. Wir neigen auch dazu, nur mit halber Aufmerksamkeit hinzuschauen, nur wenige Details zu erfassen und aus diesen Schlüsse zu ziehen. Wir vergessen, neugierig zu sein, obwohl dies ein unverzichtbarer Zustand ist, um zu lernen und Urteile zu vermeiden.
Viele menschliche Tiere und nicht menschliche Tiere erleben ein Gefühl der „Heimkehr", weil der soziokognitive Ansatz konzeptionell und praktisch eine durch Regulationsmechanismen verursachte Entfremdung zu vermeiden ermöglicht. Da der Mensch das Bedürfnis nach Kontrolle verliert, ist er in der Lage, sich selbst und seine dialogische Beziehung mit Pferden besser zu verstehen und kann sie somit endlich als das wahrnehmen, was sie wirklich sind.

ZOOMIMESIS FÜR EINEN REICHHALTIGEREN DIALOG

Wenn wir uns innerhalb einer Pferdeherde bewegen, ist es wichtig, offen für alles zu sein, was sich ereignen könnte und es mit neuen Augen zu beobachten. Allmählich, indem wir die Muster aufbrechen, mit denen wir Dinge zu betrachten gewohnt waren und damit die Filter entfernen, die Details versteckten oder veränderten, werden wir uns einer neuen Dynamik bewusst. Wir können lernen, diese Dynamiken zu leben und zu erleben, indem wir unsere Perspektive ändern, aus einer anderen Position beobachten, die Haltung verändern oder versuchen, die Bewegungen der Pferde, die wir beobachten, nachzuahmen.

Die Bewegungen, die wir bei der Nachahmung des Verhaltens eines Tieres machen, bezeichnet man als „zoomimetisch". Nachahmen ermöglicht es uns, dass wir uns bestimmter, subtilerer Verhalten bewusster werden, wie z. B. der Tatsache, dass Pferde sich beim Grasen in Halbkreisen bewegen oder kurze Pausen machen, wenn sie mit anderen interagieren. Beim Versuch, den Bewegungen des Pferdes zu folgen, bemerken wir auch die subtilsten Bewegungen und Verhaltensweisen und beginnen, die unterschiedlichen Details zu erarbeiten, die unser Gehirn normalerweise herausfiltert. Zoomimesis bedeutet nicht, den anderen zu spiegeln, was uns dazu bringen würde, uns rein auf das Ergebnis zu konzentrieren, sondern es geht darum, neue Einsichten zu erlangen und um den Versuch zu verstehen, wie sich unsere Wahrnehmung verändert, wenn wir uns in die Bewegungen eines anderen einfühlen.

Durch Vergleich und Hybridisierung (das bedeutet, dass wir eine Erfahrung teilen und uns von der Wahrnehmung und dem Standpunkt eines anderen inspirieren lassen) bereichern wir unser funktionelles und kognitives System und erleichtern gleichzeitig den Dialog.

Die grundlegenden Elemente der Zoomimesis sind:
- Vergleich: unser eigenes Verhalten in Beziehung setzen mit dem der tierischen „Andersartigkeit",
- Dialog: Suche nach Formen der Komplementarität (also des Sich-Ergänzens) zwischen unseren eigenen Bewegungen und denen des Tieres,
- Partnerschaft: Synergien aus Erfahrungen schaffen.

In der Zoomimesis ist das Pferd nicht mehr länger ein Objekt des Wissens, sondern ein Partner des Wissens, so wie es ursprünglich war.

Indem wir einfach ein Tier beobachten und von unseren Unterschieden und Ähnlichkeiten lernen, können wir unser Wissen und das Verständnis für uns selbst und das Tier steigern. Wir können nur dann aus der Interaktion mit einem Tier lernen, wenn das, was wir lernen, aus unserer Selbstbeobachtung stammt und nicht aus der Interpretation anderer. Zoomimesis erleichtert auch den Tieren die Beobachtung des Menschen, da weniger „Lärm" herrscht, sodass sie eher von Neugier getrieben werden und nicht von defensivem Verhalten.

GEGENSEITIGES VERSTÄNDNIS

Die Möglichkeit einer wechselseitigen, nichtanthropozentrischen Beziehung beginnt in einer Situation, in der sowohl Pferd als auch Mensch in der Lage und frei sind, sich auszudrücken, ruhig Entscheidungen zu treffen, die Initiative zu ergreifen und zu wählen, ob sie involviert sein möchten oder nicht.

Wenn ein Pferd auf uns zukommt, sich uns zu sehr nähert, sollten wir, statt Versuche zu unternehmen, unseren persönlichen Raum / unsere persönlichen Grenzen zu schützen, einfach weggehen. Auf diese Weise drücken sozial ausgeglichene Lebewesen in einem freundlichen Kontext ihren Wunsch aus, nicht involviert zu sein. Wenn uns jemand im Zug für unseren Geschmack zu nah kommt, gehen wir vermutlich weg und fangen nicht an, seltsame Gesten zu machen. Es ist unsere Überzeugung, dass wir entscheiden wollen, was zu tun ist, die uns zu Opfern der Annahme macht, dass wir alles unter Kontrolle haben müssen. Stattdessen können wir einfach zur Seite treten. Es ist viel einfacher, und viele Menschen waren schon angenehm überrascht, wie angenehm es ist, sich aus einem Kontext herauszunehmen, da dies Raum für Neugier auf die Situation schafft, an-

Zusammenleben: die Perspektive von Jack, dem Kater.

Spartas Familie 2011: Tante Onda, Mama Pioggia und Tante Marea.

statt eine defensive Haltung einzunehmen. Vielleicht stellen wir sogar fest, dass das Pferd einfach stehen bleibt, ohne sich aufzudrängen und einfach das Zusammenstehen genießt.
Ein Pferd wird nie ein Mensch sein und ein Mensch wird nie ein Pferd sein. Dennoch gibt es in den Wahrnehmungswelten, die Pferd und Mensch für sich erschaffen, eine Überschneidung des Verständnisses, die wir gemeinsam erkennen und in einem gemeinsamen Dialog entwickeln können, der genau dieser Beziehung gehört. Darauf basiert das soziokognitive Modell. Es kann sich nicht um eine Vorgehensweise oder eine Methode handeln, die einfach kopiert und in eine beliebige Beziehung eingefügt werden kann. Es ist nicht nur jede Situation und jede Beziehung einzigartig, sondern darüber hinaus erfordert das Teilen von Augenblicken und das Genießen der Gegenwart des anderen, dass sowohl das Pferd als auch der Mensch in der Lage ist, die Erfahrung bewusst zu leben. Paradoxerweise ist es das konditionierte Pferd, also dasjenige, das für Aktivitäten mit Menschen trainiert wurde, dem aber nicht die Möglichkeit gegeben wurde, seiner eigenen inneren Motivation zu folgen oder in der Interaktion mit dem Menschen frei zu handeln, das mehr Widerstand leistet, das Leute absetzt, flieht, sich nicht einfangen lässt, sich in sich selbst zurückzieht oder nur noch Befehle ausführt.
Sobald wir die Fähigkeit entwickelt haben, die soziokognitive Dynamik der Herde zu beobachten, kann das gegenseitige Verständnis auf die gesamte Herde ausgedehnt werden und neue Arten der Interaktion können entdeckt werden: nebeneinanderstehen, aus der Ferne beobachten, gehen und stehen bleiben und vieles mehr. Eine Pferdeherde ist ein lebender Organismus, in dem alle Elemente sowohl individuell als auch Teil eines Ganzen sind (da dieselben Erfahrungen geteilt werden). Es ist wie eine Theatervorstellung, in der der Mensch lernen kann, mitzumachen. Pferde, die vergessen haben, dass sie sich gegenseitig berücksichtigen können, die nur als eine Gruppe separater, individueller Pferde leben, können durch das soziokognitive Modell lernen, wieder eine Herde zu werden.
Wir können viele Dinge von einem Pferd lernen, aber wir müssen dabei seinen eigenen Weg des Lernens berücksichtigen. Es ist kein unbeschrie-

benes Blatt, auf das der Mensch einfach schreiben darf. Jedes Pferd sollte seinen eigenen Weg gehen und sein eigenes, wachsendes Verständnis seiner selbst und der umgebenden Welt haben. Tatsächlich müssen sowohl das Pferd als auch der Mensch zunächst ihren eigenen Entdeckungsweg gehen. Beide müssen lernen, sich ihres eigenen Körpers bewusst zu sein.

Übungen oder Erfahrungen?

Wodurch unterscheidet es sich, eine Übung auszuführen oder eine Erfahrung zu leben?
Für viele wahrscheinlich durch nichts. In diesem Fall ist eine Übung als Erlebnis definiert. Aber vielleicht gibt es einen deutlichen Unterschied, wenn man dies aus verschiedenen Blickwinkeln betrachtet. Nach der klassischen Definition der Bedeutung des Begriffs „Übung" können wir eine Reihe von charakteristischen Aspekten identifizieren: das Vorhandensein eines zu erreichenden Ergebnisses, eine damit verbundene Erwartung, das Streben nach Präzision bei der Ausführung der Lektion und die Tendenz, automatisierte Bewegungen auszuführen, um die Übung zu perfektionieren.
Wenn wir einige Begriffe berücksichtigen, die üblicherweise mit dem Wort „Übung" in Verbindung gebracht werden, so sind das: trainieren, vorbereiten, anleiten, erziehen, lehren, Gewöhnung, Drill, Leistung, Test, Disziplin, Anstrengung, Streben.
Diese kurze Abfolge verwandter Wörter kann uns helfen, die Art von Kontext zu verstehen, den Übungen Tieren in ihren Interaktionen mit Menschen aufbürden.
Betrachten wir nun stattdessen eine Darstellung, die mit der experimentellen Dimension verknüpft ist.
Eine solche Erfahrung zeichnet sich durch einige eindeutige, ganz andere Bedeutung aus, oder besser, durch

das Fehlen bestimmter Elemente: das Fehlen eines zu erreichenden Ergebnisses, das Fehlen von Erwartungen, auf die reagiert werden muss, das Fehlen einer Suche nach einer präzisen Ausführung, das Fehlen automatischer Antworten.

All diese fehlenden Komponenten geben etwas anderem Raum: Raum, um das Interaktionsparadigma zu verwerfen – d. h. wie wir mit anderen interagieren, von ihnen lernen und uns mit ihnen in Verbindung setzen. Lernen, durch geteilte Erfahrungen im Einklang zu sein, hat aus soziokognitiver, emotionaler und wahrnehmungsbezogener Sicht einen großen Wert.

Vom soziologischen, ethologischen, neurophysiologischen und kognitiven Standpunkt gesehen, fallen Übungen einerseits und Erfahrungen andererseits in zwei völlig unterschiedliche Kategorien, die sich nicht überschneiden. Diese Unterscheidung trägt keinen positiven oder negativen Wert. Sie repräsentieren einfach zwei verschiedene Welten, zwei verschiedene Wege, sich dem „Anderen" zu nähern: lernen zu verstehen, Beziehungen zu verstehen. Letztendlich sind es einfach zwei unterschiedliche Ansätze, das Leben zu leben. Alle Menschen haben die Möglichkeit, die Wahl zu treffen, mit welcher Dimension sie interagieren und leben möchten, solange es eine Wahl ist, die auf Wissen, Ethik, Gewissen, Kohärenz, Transparenz und Klarheit basiert.

Beide müssen ihre Propriozeption erhalten (sensorische Informationen, die den Sinn für die eigene Position im Raum und für Bewegung unterstützt), unbeeinträchtigt von Gebissen und Hufeisen. Beide müssen sich ihrer inneren Zustände bewusster werden, ihre eigene Motivation finden und verstehen, wie sie von anderen lernen können, und wie sie geerdet und emotional ausgeglichen sein können.

Heutzutage sind viele Menschen nicht mehr daran interessiert, ihre Pferde zu Soldaten oder Marionetten zu trainieren. Stattdessen möchten sie die Pferde durch ein besseres Verständnis ihrer echten Bedürfnisse besser verstehen, ihre Lebensqualität verbessern und eine echte und offene Beziehung entwickeln. Da die konventionelle Sprache der Pferdekultur es schwierig macht, die Sichtweise des Pferdes einzubeziehen, ist es nun angebracht, diese Sprache zu modifizieren und eine echte Veränderung der für die Pferd-Mensch-Beziehung typischen Terminologien und Aktivitäten zu ermöglichen. Zum Beispiel sollten wir das militärische und machanistische Wort „Ausbildung" (und alle daraus abgeleiteten anthropozentrischen Übungen) durch das passendere Wort „Lernen" ersetzen. Noch besser wäre es, das Wort „Co-Lernen" zu benutzen, um anzuerkennen, dass Mensch und Pferd zusammen wachsen, Raum für gemeinsame Aktivitäten finden, und die Möglichkeit eines echten Dialogs zu schaffen, indem man sich von den Gewohnheiten der Pferdewelt befreit.

Dies ist offensichtlich nicht einfach, da das Bild, das wir von Pferden haben, universell damit verbunden ist, wie wir das Pferd „benutzen". Wenn wir uns entscheiden, mit unserem Pferd spazieren zu gehen – zu Fuß, einfach um die Möglichkeit des gemeinsamen Spazierganges zu genießen –, werden wir höchstwahrscheinlich gefragt werden, ob das Pferd zu jung zum Reiten, ängstlich oder verletzt ist oder ob der Reiter gestürzt sei, denn die meisten Menschen können sich nicht vorstellen, warum man nicht reitet, da nach ihrem Verständnis „Pferde dafür da sind". Zu lernen, neugierig und offen zu sein für das, was der „Andere" ausdrückt, ohne uns selbst dabei zu verlieren, ist fundamental notwendig für gesunde sozioemotionale Erfahrungen in einer Gesellschaft, in der das Hauptaugenmerk eher auf Leistung als auf Beziehungen liegt. Sowohl Mensch als auch Pferd brauchen Zeit und Raum, um ihre innere Motivation zu verstehen, anstatt nur auf einen Kontext zu reagieren oder ein erwünschtes Verhalten anzunehmen.

Der soziokognitive Ansatz bietet dem Pferd die Möglichkeit, seine eigene mentale Landkarte zu erstellen und dabei geistige und körperliche Fähigkeiten zu nutzen, bei denen Aufmerksamkeit, Achtsamkeit, Ruhe, Kontakt und soziale Interaktion die Schlüsselelemente sind, die spontane Beziehungen und gegenseitiges Verständnis ermöglichen.

EIN NEUES ZUSAMMENLEBEN

Inzwischen ist allgemein anerkannt, dass Tiere Gefühle haben. Ihre innere Welt und die Beziehung zwischen ihren Emotionen und ihren Verhaltensweisen werden jedoch von vielen immer noch als Black Box angesehen, in die Impulse eingehen und aus der Verhaltensweisen herauskommen. Es ist für den Menschen ein fast evolutionärer Prozess, Tiere als fühlende Wesen und als nicht menschliche Individuen mit ihren eigenen komplexen mentalen Aktivitäten bei der Verarbeitung ihrer Realität zu anzuerkennen.

Menschen haben immer noch Schwierigkeiten damit, Kognition anderer Tiere anzuerkennen. Das liegt zum einen daran, dass sie meinen, wir würden Tiere vermenschlichen, weil wir Probleme haben, einen andersartigen Intellekt und eine andersartige Kognition zu begreifen; zum anderen müssten wir, wenn wir Tieren (Primaten ausgenommen) kognitive Fähigkeiten zuerkennen, klären, was den Menschen „menschlich" macht, und insbesondere die Idee revidieren, dass ausschließlich der Mensch ein kognitives Gehirn besitzt. Dies verlangt von uns zu verstehen, dass sich die gleichen Fähigkeiten unterschiedlich entwickelt haben. Unser Verhalten Tieren gegenüber sollte von dieser Erkenntnis geleitet werden. Die Tiere, mit denen wir interagieren, haben komplexere mentale und emotionale Fähigkeiten, als in der Vergangenheit bekannt war, und die wissenschaftliche Forschung liefert ständig neue Beweise für kognitive Fähigkeiten und Emotionen von Tieren.

Begib dich daher, für deine eigene Entwicklung und für ein tieferes Verständnis deines Zusammenlebens mit Pferden in jedem Pferd auf die Suche nach dem kognitiven Pferd. Erlaube ihm, in einem soziokognitiven Kontext (und nicht in einer anthropozentrischen Realität) zu leben, denn darin befindet sich jedes Pferd schon bei seiner Geburt.

Pferde haben ihre eigenen Fähigkeiten und Mittel, gute Beziehungen zu erleben und aufrechtzuerhalten, die den „Anderen" berücksichtigen, auch in der Interaktion mit dem Menschen. Dafür brauchen sie jedoch eine angemessene Umgebung, eine bewahrte Kognition, und einen soziokognitiven Kontext mit anderen Pferden, in dem sie leben und auf dessen Basis sie handeln können. Es ist an der Zeit, dass wir ihnen dies ermöglichen.

Gemeinsamkeit finden wir auf dem Weg.

Jenseits der Horizonte

EINE REISE NACH ITHAKA

Wir reisen in eine Zukunft, in der kognitive Ethologie, eine artenunabhängige Philosophie, Tierethik und eine eher posthumane Gesetzgebung im Hinblick auf das Tierwohl für wichtige Veränderungen im Bezug auf die Beziehung und Interaktion von menschlichen und nichtmenschlichen Tieren sorgen werden. Es ist diese neue Sichtweise auf unsere Beziehung zu Pferden, die von Pferdebesitzern, Fachleuten, Akademikern, Tierrechtsorganisationen und politischen Bewegungen verlangt wird, Entscheidungsprozesse neu zu definieren und mit Gewohnheiten und Entscheidungen, die lange Zeit selbstverständlich waren, zu brechen. Die in diesem Buch beschriebenen Ideen sind Teil aktueller kultureller Veränderungen, die die Mensch-Tier-Beziehung weltweit betreffen, da Speziesismus (Vergabe unterschiedlicher Werte, Rechte oder besonderer Rücksichtnahme an Individuen allein aufgrund ihrer Artzugehörigkeit) Fortschritt verlangt, genau wie er bei Sexismus und Rassismus stattfand. Dabei ist keine Änderung über Nacht zu erwarten, doch jeder Einzelne kann heute beginnen, diesem Wandel mit Neugier zu begegnen – ohne ihn in irgendeiner Weise kontrollieren oder stoppen zu wollen, oder etwas zu erzwingen, sondern seine Resonanz aufzunehmen, neue Bilder zu schaffen und neuen Aktivitäten, neuen Einsichten Raum zu geben und zusammen mit Pferden und anderen Tieren neue Realitäten aufzubauen.

In diesem Prozess können wir viele Überraschungen finden. Entdecke, wie wir uns von altem Reiterglauben befreien können, entdecke die Pferde neu, so wie sie sind, und entdecke eine Beziehung zu ihnen, von der du immer geträumt hast, aber die du nie den Mut hattest zu leben. Es handelt sich hierbei um nichts Magisches, Mystisches oder Paranormales, sondern um etwas sehr Konkretes, Praktisches und Nachhaltiges sowohl für Pferde als auch für Menschen in ihrer Art des Zusammenlebens – frei von Tiertraining und Konditionierung. Bei der Wiederentdeckung des Pferdes geht es um die neuesten Erkenntnisse im Hinblick auf Kognition und Lernen von Pferden, die das Pferd nicht trainieren, sondern eher bewahren. Es geht um ganz praktische Erfahrungen – Möglichkeiten, zusammenzuleben, ohne nach erwünschten Verhaltensweisen, Leistungsübungen und anthropozentrischen Resultaten zu suchen.

Der schwierigste Schritt ist, neue Türen zu öffnen, die Erwartungen aus dem, was man als schon erlangtes Wissen sieht, loszulassen, und sich stattdessen erlauben, mit neuen Augen zu sehen. Sobald du diesen Schritt getan hast, wird die Reise überraschend einfach und du wirst dich fühlen, als ob du endlich nach Hause reist, so wie Odysseus zu seiner geliebten Insel Ithaka zurückkehrte, nachdem er die Laistrygonen getroffen hatte, einen Zyklopen und die Sirenen. (In der heutigen Welt könnten diese Figuren stellvertretend für unsere eigene Unsicherheiten, für sozialen Druck oder schwer zu verwerfende Traditionen stehen.)

Es ist eine lange Reise, auf der du neue Lebensgewohnheiten und neue Sinnhaftigkeit finden wirst. Sie wirft viele Fragen dazu auf, wie wir mit Pferden und auch anderen Tieren umgehen, denen wir im Lauf unseres Lebens begegnen: Schafe, Kühe, Hunde und Katzen zum Beispiel. Sie stellen unsere omnivore Ernährung infrage, da all das, womit wir uns nun beschäftigen, auch mit einem ethischen und ökologisch nachhaltigen Lebensstil zu tun hat, der nicht auf einer bevorzugten Koexistenz mit der einen oder anderen Art basiert. Schließlich sind alle auf einer Entwicklungsreise mit neuen Einsichten, Erfahrungen und Abenteuern im Leben – sowohl die menschlichen als auch die nichtmenschlichen Tieren.

WIE BEGINNT DIE REISE?

Stell dir folgende Fragen, wenn du mit deinem Pferd zusammen bist: Wie kann ich unter Berücksichtigung dieser neuen Entwicklungen vorgehen? Wie kann ich sie in praktische Situationen einbinden? Wie kann ich dem Pferd helfen, Herr seiner eigenen Welt zu werden? Und was ist mit Halftern, Sätteln und mit der Sicherheit? Was ist mit Aktivitäten wie Hufpflege und Tierarztbesuchen?

Ganz schön viele Fragen! Aber es gibt auf sie keine Antworten ohne gelebte Erfahrung. Wenn du jetzt deinen Kopf freimachst und das Halfter einfach auf den Boden oder den Sattel oder das Bareback-Pad fallen lässt oder die Bürste – dann mag das Pferd zunächst von deinem Handeln überrascht sein, dein Vorgehen stellt aber den ersten Schritt dar: einen Wandel im Denkschema von Beziehung und Interaktion. Vielleicht nähert sich das Pferd dem Halfter oder Pad auf dem Boden, um es zu erkunden, und du tust dasselbe. Teile mit ihm einfach den Moment, die Erfahrung, spüre den Staub auf dem Boden – nicht als Methode, nicht um das Pferd anzulocken und seine Aufmerksamkeit zu gewinnen, sondern um ein Mensch zu werden, der seine eigene Umwelt zu erleben weiß.

Ein natürlicherer Mensch zu sein, bedeutet, Dinge, mit denen du bereits vertraut bist, mit anderen Augen zu sehen. Betrachte sie nicht wegen einer Funktionalität, die du gelernt hast, in ihnen zu sehen, sondern wegen dem, was sie wirklich sind – dies gilt es zu entdecken und sich zu eigen zu machen. So können wir auch das Erkundungsverhalten von Pferden neu definieren, das durch menschliche Überzeugungen und Konzepte gehemmt oder abgestumpft wurde. Wir müssen dann vielleicht zulassen, dass wir auch mal nicht wissen, wie die Welt für ein Pferd oder das Verhaltensrepertoire, in das es passen könnte, aussehen soll. Fang an, dieses Erkundungsverhalten neu zu entdecken. Nicht als etwas, das du kontrollierst, sondern als Ausdruck einer jemand anderem gehörenden Welt des Verständnisses. Du kannst dich auch entscheiden, Futterbelohnungen wegzulassen und stattdessen den angeborenen Motiven des Pferdes und dem damit verbundenen spontanen Verhalten Raum zu geben. Du wirst den Freiraum entdecken, den dies dir und dem Pferd tatsächlich gibt, frei von Erwartungen und mit neuer Neugier aufeinander. Oder du erkennst vielleicht, dass auch eine medizinische Behandlung zu einem gemeinsamen Erlebnis werden kann. Vielleicht steht plötzlich ein neues Pferd mit einem regelrecht wiedergeborenen Ausdruck vor dir: emanzipiert und frei von jedweder Verstärkung. Oder du könntest dich entscheiden, endlich auf die Verwendung einer Peitsche oder eines Sticks zu verzichten. Vielleicht entdeckst du sogar, dass du selbst neugierig wirst, wie der Hufkratzer wohl riecht, der in der Nähe des Stalls hängt, und den das Pferd erst kürzlich intensiv beschnüffelt und erforscht hat.

Du denkst jetzt wahrscheinlich, dass sich das für dich doch alles etwas merkwürdig anhört. Vielleicht schämst du dich auch, dich selbst zu äußern: Was wird das Pferd daraus machen? Was werden andere daraus machen? Keine Sorge. Du bist nicht allein in dieser neuen und seltsamen Dimension. Sie ist so seltsam wie befreiend. Viele Menschen haben bereits den Weg zurück nach Hause gefunden und die Türen zu dem geöffnet, wonach sie schon immer gesucht haben: eine wahre artenübergreifende Dimension der Beziehung, in der alle sie selbst sein können. Es hat ihr Leben sowie die Koexistenz und Interaktion mit anderen Tieren verändert.

Sie sind leidenschaftliche Pferdemenschen: Barhufbearbeiter, Pferdetierärzte, Akupunkteure, Beziehungsberater, Herdenmediatoren, Menschen, die Therapien oder Persönlichkeitstrainings revolutionieren, sowie Menschen, die in Tierheimen arbeiten. Sie alle haben gelernt, Interaktionen und Beziehungen zu entwickeln, in denen der Mensch dezentralisiert ist und das Pferd zu keinem Zeitpunkt aufgrund menschlicher Wünsche oder Erwartungen ignoriert wird. Wir befinden uns in einer Gesellschaft, die sich aus tierethischer Sicht im massiven Wandel befindet, daher werden Dinge, die gestern normal waren, heute seltsam, und Dinge, die heute seltsam wirken, werden morgen normal. In diesem Sinne wird Tiertraining, das heute als normal gilt, morgen weniger akzeptabel sein, weil man jetzt schon feststellt, dass viele der genutzten Techniken eigentlich Tierquälerei sind. Das Pferd als Individuum zu verstehen bedeutet nicht, die humanste Art der Ausbildung zu finden, denn das ist immer noch eine anthropozentrische Sichtweise. Es geht darum, ein Individuum so zu sehen, wie es ist – es geht um seine Art, die Welt zu erleben und in ihr zu leben. Es geht darum, Bewusstsein und Verständnis dafür zu schaffen, dass Verhaltensmanipulationen einen Einfluss auf die Identität dieses Individuums haben. Gehe also auf deine eigene Reise, um dich mit einem veränderten Blickwinkel und mit neuem Wissen zu bereichern. Richte dieses mit deinen tiefsten moralischen Werten aus, studiere die Grenzen der Interaktion mit anderen Tieren und stelle dir neue Modelle der Koexistenz mit Pferden vor. Die Zukunft ist da.

TIERETHIK – EMANZIPATION DER PFERDE

In den letzten Jahren hat sich die Tierethik von einer geringen Präsenz in der Bioethik zu einer eigenständigen Einheit entwickelt, die auch im Bereich der Bioethik einen immer wichtigeren Beitrag leistet. Dieses Wachstum wurde aus einer wachsenden Sensibilität der öffentlichen Meinung für die Argumente und Probleme im Zusammenhang mit Tierschutz und Tierwohl entwickelt, die mit Tierrechten, Antispeziesismus und Posthumanismus verflochten sind. Die Tierethik ist wie ein Kompass, der einem Paradigmenwechsel von einer anthropozentrischen Vision des Tieres zu einer biozentrischen (alle Lebensformen besitzen ihren eigenen intrinsischen Wert) die Richtung vorgibt, in der jeder Protagonist seines eigenen Lebens innerhalb eines größeren Systems ist.

Betreuer, Freiwillige und Fachleute, die sich innerhalb des gewachsenen Rahmens der Tierethik weiterentwickeln, werden daher auf kritische Situationen besser und mit klareren Richtlinien reagieren können. Tatsächlich erfordert das, was aus der Perspektive eines individuellen Tieres richtig ist, ein grundlegendes Verständnis der Subjektivität. Wir müssen lernen, dem individuellen Tier Raum zu geben und ihm zu helfen, seine eigenen Entscheidungen zu treffen, die seinen Wünschen in Bezug auf die jeweilige Situation entsprechen. Diese ethische Perspektive zu verstehen bedeutet, dass sich ein Betreuer, ein Freiwilliger oder ein Profi in den Dienst des Pferdes stellt und nicht in den Dienst der Funktionalität menschlicher Systeme. Diese Perspektive verlangt, die Autonomie, Würde, Integrität und Verletzlichkeit jedes einzelnen Pferdes zu bewahren, und in diesem Sinne ist es ein Prozess, den wir „equine Emanzipation" nennen könnten: ein Prozess der Emanzipation der Tiere, befreit von der Anmaßung der Pferdesportindustrie, das Pferd als Instrument zu betrachten. Das Konzept der Autonomie in der Ethik für Pferde bezieht sich darauf, ihnen die Möglichkeit zu bieten, eigenes Verständnis und eigenen Ideen (Kognition) zu entwickeln. Das hängt damit zusammen, sie als moralisch Handelnde und nicht als moralisch Behandelte zu sehen. Es berücksichtigt ihr Recht auf Privatsphäre und die Möglichkeit, sich ohne Zwang oder Konditionierung zu reflektieren und auszudrücken. Es bedeutet, dass wir ihnen die Möglichkeit eines familienähnlichen Soziallebens gewährleisten. Integrität und Würde hängen damit zusammen, Pferde nicht als eine bestimmte „Kategorie" zu verstehen, weil

Auf der Reise finden wir zusammen. Sie bringt uns im Erleben, im gemeinsamen Bewegen, im gemeinsamen Entdecken neuer Landschaften, neuer Nuancen und neuer Rhythmen einander näher.

wir ihnen das Etikett „Haustier" gegeben haben. Genauso wenig wie Bären werden Pferde als Objekt für Tanzvorführungen oder in diesem Fall Dressur- oder Showevents geboren. Es spielt keine Rolle, wie sanft und ruhig wir sind oder wie gut wir es meinen, wenn wir sie trainieren; es kommt darauf an, ein gemeinsames Verständnis angewandter Tierethik weiterzuentwickeln.

Zu guter Letzt ist das Konzept der Verletzlichkeit ein Aufruf an den Menschen, jede Gefährdung des intrinsischen Wertes und Potenzials eines einzelnen Pferdes zu vermeiden. Es erkennt an, dass es an der Zeit ist, dem Erbe der Ausbeutung zu entkommen, das mit den herkömmlichen Gewohnheiten in der Reitindustrie verwoben ist. Pferdeethik ist weder langweilig noch utopisch – sie ist eine Chance, sich weiterzuentwickeln und eine starke moralische Position einzunehmen, wenn es um Fragen unseres Zusammenlebens mit Tieren geht.

Pferde im Staub

Ich laufe im Staub. Die Hitze lässt die Luft flimmern, als würde man sich in einen nicht existierenden Raum, in einer nicht existierenden Dimension bewegen. Ich lege den Sattel auf dem Boden ab und es entsteht eine kleine Wolke aus aufgewirbeltem Staub. Dann nähert sich eine Pferdefamilie im Gänsemarsch. Eine warme Brise zieht ihre dicken, kompakten Schweife fast waagerecht zur Seite. Die Pferde halten an und strecken ihren Hals. Ihre Nüstern versuchen den Geruch einzufangen, der vom Sattel und von mir ausgeht.

Sie nähern sich weiter an. Ganz ruhig, halten zwischendurch inne, um den Geruch des Sattels aufzunehmen. Völlig ohne Spannung kommen sie näher; ich rieche den süßen typischen Geruch ihres Fells. Eins von ihnen ist jetzt ganz in meiner Nähe; dieses Pferd nähert sich und erforscht den Sattel zuerst mit seinen Nüstern und Tasthaaren, olfaktorische und taktile Erkundung zugleich, ganz bedächtig. Es erkundet den Sattel weiter mit seinen Lippen und hält immer wieder inne, um mit seinen anderen Familienmitgliedern olfaktorische Informationen auszutauschen. Das bereichert ihre Bindung und macht sie in dieser gemeinsamen neuen Situation tiefer und stärker.

Eines nach dem anderen steigt mit ein, bis alle alles erforschen. Sie beschnuppern auch mich: meine Beine, mein Haar, meinen Kopf, meinen Rücken, meine Hände, die Oberseite des Sattels. Auch mit ihren Hufen, ganz sanft, ein mantraähnlicher Rhythmus entsteht.

Dann setzen sie ihren ruhigen Spaziergang fort. Ich sehe, wie sie sich nach Osten bewegen. In der Staubwolke, die sie aufwirbeln auf ihrem Weg, kann man sie kaum noch erkennen.

Und ich wache auf.

EVOLUTION VON BERUFEN

Neue Berufe – sowohl herausfordernde als auch inspirierende – entstehen aus diesem neuen Kontext von Pferderecht und Pferdekognition. Es gibt neue, erstaunliche Wege, nach modernen tierethischen Richtlinien für die Lebensqualität des Pferdes und den Umgang des Menschen, mit ihm zu arbeiten. Diese Wege sorgen für eine neue Sicht auf die berufliche Entwicklung und das für diese Berufe erforderliche persönliche Wachstum.

Tierethikprofis, Beziehungsmediatoren und Lebensqualitätscoaches können sowohl kulturell als auch fachlich einen starken Beitrag leisten, weitere Möglichkeiten zu schaffen und innovative Arbeitsfelder zu kreieren, in denen das Pferd als Subjekt und Individuum im Mittelpunkt steht, und nicht als „Instrument" oder Mitarbeiter. Aber um dorthin zu gelangen, ist es notwendig, dass Forschung und Lernen innerhalb eines bestimmten ethischen Rahmens erfolgen und dass wir lernen, aktuelle Denkschemata zu zerschlagen. Studien und Forschungen zum Pferdeverhalten brauchen einen anderen Ansatz, um nicht in konventionellen Interpretationen gefangen zu bleiben. Das Aneignen von Interaktionen ohne Tiertraining ist eine der wichtigsten Veränderungen, und dies erfordert auch eine persönliche Wachstumsentwicklung, bei der wir unseren eigenen Geist von Konditionierungen befreien, die durch sozialen Druck, soziale Verstärkung und soziale Befriedigungen geprägt sind. Ein kultureller Wandel ist notwendig, der von den Fachleuten einen offenen Geist, eine starke ethische Vorbereitung und den unbeugsamen Mut erfordert, mit den aktuellen Vorstellungen zu brechen. Es ist ein Beitrag, der mit philosophischer Entwicklung und politischem Aktivismus und sogar noch weiteren Bereichen des menschlichen Lebens verbunden ist. Es handelt sich um einen globalen Prozess, in dem wir alle wählen können, ob wir ein passiver Teil oder ein aktives Element der Veränderung sein möchten – eine Veränderung für Menschen, die sich für andere Tiere einsetzen wollen. Es ist eine Reise für mutige, unermüdliche und unaufhaltsame Fachleute, die zu diesem kulturellen Wandel – auf allen Ebenen – beitragen möchten, nicht nur, um ihre eigenen Aktivitäten zu entwickeln, sondern auch, um den moralischen Status und die Lebensqualität von Pferden zu verbessern.

FORTSCHRITT

Es ist an der Zeit weiterzugehen, nicht nur aufgrund guter Absichten, sondern basierend auf einer profunden Wissensentwicklung über Studien mit Tieren. Neben Erfahrung verlangt die Reise nach Neugier und Weiterentwicklung des Wissens, denn auch wenn du intuitiv weißt, dass eine auf Meinungsfreiheit und Gegenseitigkeit basierende Beziehung der Weg ist, um dein Zusammenleben mit dem Pferd weiterzuentwickeln, solltest du dich aktiv entscheiden, dich immer weiterzubilden, um dir anthropomorpher Tendenzen bewusst zu werden.

Diese Wahl der Weiterbildung ist notwendig, aber nicht einfach. Sowohl in akademischen als auch in privaten Schulen und Institutionen, wird immer noch Mainstreambildung vermittelt, die sich auf die althergebrachten Konzepte in Bezug auf Tiere stützt, die oft aus speziesistischem Denken stammen. Selbst Programme, die eigentlich thematisch auf kognitive Ethologie und Kognition ausgerichtet sind, können auf behavioristischen Ideen gründen, die das mentale, emotionale und soziale Leben von Tieren nicht wirklich verstehen, sondern in ihnen einfach eine Art „biologische Maschine" mit ausgefeilteren Funktionen sehen.

Mithilfe der Ethologie als Methode kann man trainierte Verhaltensweisen verstehen, nicht aber spontane. Heutzutage wird die Ethologie oft mit Behaviorismus und Reitsport vermischt – eine fatale Mischung für Autonomie, Integrität, Würde und Verletzlichkeit von Pferden und definitiv auch für ihr (soziales) Denken. Fortschritt bedeutet also, fortschrittliche und ethische Fachliteratur zu studieren, kognitive Ethologie innerhalb der antispeziesistischen und posthumanen Perspektive zu studieren – eine Pionierausbildung, die Pferde in jedem Moment als subjektive Individuen betrachtet und dieses Wissen in der täglichen Praxis in kohärenter Weise anwendet – das ist es, was es bedeutet, „auf Worte Taten folgen zu lassen". In diesem Sinn bietet Learning Animals, als internationales Institut für Forschung und Entwicklung von Tierethik, interspeziesistischer Interaktion und antispeziesistischer Ethologie, eine starke ethische und innovative Studienplattform für Pferdepfleger, Fachleute, Organisationen und Institutionen mit dem Wunsch, sich zu neuen Perspektiven und Möglichkeiten in ihrem Zusammenleben mit Pferden und anderen Tieren aufzumachen (weitere Informationen zu Learning Animals findest du auf S. 135).

Da waren viele Pferde

Ich sah viele Pferde am Flussufer. Sie trinken. Geschmeidige Körper mit lockerem Hals und sanftem Ausdruck.
Ich sah viele Mähnen am Flussufer, leicht wie Adlerfedern, die mit einer sanften Brise wie Blätter einer Pappel flüstern.
Ich sah viele Ohren am Flussufer, die lauschen, vom Wind gestreichelt, völlig ohne Spannung.
Ich sah viele Nüstern am Flussufer, weich, offen, zart, sie nehmen sanft einen Duft auf, erforschend, kommunikativ.
Ich sah viele Augen am Flussufer, neugierig, offen, manchmal fragend, aber süß wie Honig, ohne Schatten, ohne Spannung, ohne jede Düsterkeit der Apathie.
Ich sah viele Schweife entlang des Flussufers, vom Süßwasser gebadet und seinem Verlauf folgend.
Ich sah unzählige Hufe entlang des Flussufers, Barhufe, die den Boden und das Wasser wahrnehmen, um kräftige Körper und deren Geist in Kontakt mit der Erde zu halten.
Ich sah viele Menschen am Flussufer, oder vielleicht waren es Pferde, oder Bisons oder Hirsche. Ich weiß es nicht. Aber sie waren da, stolze Krieger, sanft und geschmeidig wie der Fluss selbst.

Onda beobachtet die Welt.

Jenseits der Horizonte

Foto: Schutterstock/Ivailo Nikolov

Anhang

Francesco und José zwischen den Olivenbäumen in ihrem Tierrefugium.

Über die Autoren und ihr Institut „Learning Animals"

ÜBER FRANCESCO DE GIORGIO

Er wurde 1965 in Italien geboren und ist ein Vordenker in Sachen Tierethik sowie Biologe, Ethologe und angewandter Verhaltensforschung. Francesco ist Mitglied des Ethikkomitees der ISAE (International Society of Applied Ethology), das sich auf Pferde- und Hundeethologie spezialisiert hat. Er ist außerdem Gründer, Entwickler und Berater bei Learning Animals, einem Studienzentrum für Tierethik, interspeziesistischer Interaktion und anti-speziesistischer Ethologie, in dem er sich hauptsächlich mit der Untersuchung der Interaktion zwischen Tier und Mensch, der Ethik und der Persönlichkeitsentwicklung von Tieren befasst. Nach seinem Abschluss an der Parma University im Jahr 1989 begann Francesco seine Karriere als unabhängiger Feldforscher. Er unterstützte mehrere Universitäten und widmete sich seiner lebenslangen Leidenschaft als Lernexperte für Pferde und Hunde (um den Besitzern zu helfen, ihre Beziehungen zu Tieren zu verbessern). Francesco ist sowohl als Redner als auch als Dozent sehr gefragt und hält regelmäßig Vorträge zum Thema kognitive Ethologie in der Tier-Mensch-Beziehung. Er lehrt auch an mehreren Universitäten und hat auf zahlreichen Konferenzen und Symposien zu Ethologie, Kognition und Antispeziesismus referiert. Die International School of Ethology (Erice, Italien) beschreibt ihn als „Mann, der sowohl mit seinem Kopf, als auch mit dem Herzen und den Händen arbeitet. Als jemanden, der seinen Worten Taten folgen lässt." Dabei integriert er seine wissenschaftliche Kompetenz in den ethischen Alltag. Als Experte für das Wohl von Pferden und Hunden engagiert sich Francesco für Einrichtungen, die sich dem Tierschutz verschrieben haben. Er hat in einer Reihe von Ethikkommissionen mitgewirkt und berät Gerichte, Polizei und Pferderehabilitationszentren in Fällen von Tiermissbrauch und Rehabilitation nach

Missbrauch. Als gefragter Redner und Dozent hält Francesco regelmäßig Vorträge zum Thema Kognitive Ethologie in der Tier-Mensch-Beziehung. Dies ist sein zweites Buch.

ÜBER JOSÉ DE GIORGIO-SCHOORL

Francescos Partnerin in Leben und Arbeit, die in den Niederlanden geborene José De Giorgio-Schoorl, verkörpert die Brücke zwischen der Wahrnehmung des Pferdes und dem Verständnis des Menschen. Eine gemeinsame Leidenschaft für Pferde und ein ausgeprägtes Verständnis für soziale Dynamik brachten Francesco und José zusammen. Heute leben sie in Italien mit ihren acht Pferdegefährten, drei Hunden, sechs Ziegen, fünf Schweinen und einer Katze.
Nach vielen Jahren als Beraterin und Vermittlerin für Persönlichkeitsentwicklung, ist José heute eine renommierte Verfechterin des soziokognitiven Modells. Als Beraterin und Ausbilder bei Learning Animals strebt José danach, das Verständnis ihrer Schüler für Kognition und Beziehungsdynamik und damit deren Beziehung zu Tieren zu verbessern. Sie ist der Ansicht, dass ein fundiertes Wissen über die Kognition von Pferden der entscheidende erste Schritt ist zum Verständnis von Pferdeverhalten. José fördert fortschrittliches Denken und wirbt dafür, indem sie schreibt und Vorträge hält um so individuelle neue Wege des persönlichen Wachstums über die freie Interaktion mit Pferden zu schaffen. Sie hält ebenfalls regelmäßig in ganz Europa Vorträge auf Konferenzen und Symposien.

ÜBER LEARNING ANIMALS

Die Mission von Learning Animals, dem Internationalen Institut für Forschung und Entwicklung von Tierethik, interspeziesistischer Interaktion und antispeziesistischer Ethologie, ist die Betonung von Konzepten, die die emotionalen, beziehungsbasierten und kognitiven Seiten von Tieren berücksichtigen und deren Erhalt, wenn sie durch frühere Erfahrungen oder durch das notwendige Zusammenleben mit dem Menschen, beeinträchtigt sind.
Learning Animals erkennt (nicht menschliche) Tiere als Subjekte und fühlende Wesen an. Das Institut wendet den soziokognitiven Denkansatz an für die weitere Koexistenz zwischen menschlichen und nicht menschlichen Tieren, der über die anthropozentrische Sicht hinausgeht und entwickelt ihn weiter. Learning Animals hat seinen Sitz in Italien und arbeitet auf internationaler Ebene daran, ein Bewusstsein für die Tier-Mensch-Beziehung zu schaffen, indem es Bildungsprogramme anbietet, Gastvorlesungen an Universitäten hält, Studien in der Forschung zu soziokognitiven Fähigkeiten und zur Beziehung zwischen menschlichen und nicht menschlichen Tieren unterstützt, Bücher und Artikel veröffentlicht, mit Tierschutzorganisationen und -institutionen zusammenarbeitet, Beratung und Unterstützung anbietet, sowie Konferenzen, Workshops und Seminare organisiert.

Weitere Informationen finden Sie unter
www.learninganimals.com

Bedingungslose Liebe besteht darin, den anderen sich ausdrücken zu lassen, damit er zu seinem vollen Potenzial, seinem inneren Licht und seiner Motivation findet, ohne Erwartungen. Wir alle sind lernende Tiere.

Abstract

AUSZÜGE AUS VORTRÄGEN VON INTERNATIONALEN WISSENSCHAFTLICHEN UND KULTURELLEN KONFERENZEN

Wir haben uns entschieden, hier Auszüge aus einigen unserer Vorträge auf internationalen Konferenzen und Tagungen zu veröffentlichen, die sich mit der Tierkognition beschäftigen, der Tier-Mensch-Beziehung sowie akademischen und soziokulturellen Entwicklungen im Bereich Tierrechte. Wir machen das, weil wir es für wichtig halten, dass du, als Leser, erfährst, wie wir uns unermüdlich sogar vor den führenden Wissenschaftlern unserer Zeit dafür einsetzen, einen Wandel im Denken zu erreichen und das, was wir in diesem Buch vorschlagen, mit Authentizität vorzuleben. Wir hoffen, dass du unsere Botschaft aus den folgenden Auszügen kompromisslos, mutig, authentisch und innovativ finden wirst. Wir arbeiten auf vielen Ebenen und in vielen Formaten, denn wir glauben an verbindende Brücken zwischen Theorie und Praxis, an die Förderung der Entwicklung von ethischem Bewusstsein in Wissenschaft und Forschung, und wir glauben an die praktische Anwendung unserer Ideen im täglichen Leben, wo wir versuchen, ethische Beziehungen in unseren Interaktionen mit Pferden zu entwickeln.

Seit nun schon etlichen Jahren, wird der behavioristische Ansatz sowohl als Interpretationsmodell als auch in seinen verschiedenen Anwendungsformen (wie im Fall der operanten Konditionierung) als kartesisches Denkmodell (nach René Descartes) aus bionaturalistischer und kognitiver Sicht heftig diskutiert.

Und doch, obwohl die Tier-Mensch-Beziehung fortlaufend und mit exponentiell wachsendem Interesse immer weiter erforscht wird, und trotz immer neuer wissenschaftlicher Erkenntnisse und Daten, die die emotional-kognitive Seite von Tieren beleuchten sowie ein Verständnis schaffen für die Nebenwirkungen von zu viel Training bei der Untersuchung von Verhalten in einem wissenschaftlichen Kontext, scheint der Trend dahin zu gehen, dass in der täglichen Praxis operante Konditionierung mit Fokus auf Stimulus-Reaktions-Protokolle, die vorherrschende Sprache und Herangehensweise von Interaktionen mit Tieren ist. In bestimmten Bereichen wird dies sogar als Standard angesehen, z. B. in der tiergestützten Therapie. Operante Konditionierung wird zunehmend benutzt, um Tierhalter und Pfleger anzuleiten, Tieren Gehorsam beizubringen, und dient als umfassende theoretische Basis für Techniken, die Verhaltenstherapeuten bei problematischem Verhalten anwenden sollen. Diese Tendenz wird auch auf menschliche Tiere ausgeweitet, um ein gewünschtes Verhalten zu erarbeiten. Aber geht es wirklich um ein Ergebnis? Sollte es vielmehr um das Verhalten gehen? Und was, wenn Ergebnisse zu Nebenwirkungen führen, die Auswirkungen auf den tierischen Verstand haben? Sollten wir dieses Prinzip aus ethischer Sicht tatsächlich noch als akzeptables Denkmodell betrachten, auch wenn es Ergebnisse ohne erkennbare Nebenwirkungen gibt?

Stört es doch die Möglichkeit, dass Tiere ihren eigenen Dialog mit ihrer Umgebung schaffen und entscheiden können, welche Informationen interessant sind und welche nicht. Wo lässt es das Tier als fühlendes Wesen zurück?

> *Ist operante Konditionierung aus ethischer Sicht immer noch ein akzeptables Denkschema in unserem Zusammenleben mit anderen Tieren?*
>
> Minding Animals Konferenz,
> Neu-Delhi, Indien, Januar 2015

Gibt es Alternativen zur operanten Konditionierung? Bei einigen Denkmodellen in Wissenschaft, Philosophie und Kultur finden bereits Veränderungen statt. Anscheinend ist es notwendig, diese Erkenntnisse in greifbare Möglichkeiten und praktische Ansätze zu übersetzen. Wir schlagen hier eine solche Übersetzung und ein Verständnis des Paradigmenwechsels vor, um die Auswirkungen und den Einfluss des Anthropozentrismus und anderer kultureller Elemente zu erklären und klarzumachen, was es bedeutet, die Konditionierungstendenz durch einen eher soziokognitiven Ansatz zu ersetzen. Diese Synthese soll die Möglichkeit beleuchten, der Individualität und den soziokognitiven Fähigkeiten von menschlichen und nicht menschlichen Tieren einen Wert zu verleihen. Gleichzeitig soll sie die Freiheit von menschlichen und nicht menschlichen Tieren bewahren, in unserem Zusammenleben ihre eigene Wahrnehmungswelt zu erschaffen sowie ihren inneren Wert und ihre Subjektivität zu verstehen und zu respektieren.

> *„Zu einer neuen Koexistenz übergehen – die Soziokognition von Pferden in der Pferd-Mensch-Beziehung verstehen."*
>
> International Society for Applied Ethology Konferenz, Vitoria-Gasteiz,
> Spanien, Juli 2014

Mit wachsendem Interesse und Bewusstsein für die Lebensqualität von Tieren und Bewusstsein für die Tier-Mensch-Beziehung wird es immer notwendiger, ein praktisches Verständnis für die Themen zu entwickeln, die einen wichtigen Einfluss auf die Lebensqualität von Tieren haben, wie zum Beispiel Bindungsverhalten und kognitive Fähigkeiten. Dies ist insbesondere dann der Fall, wenn es um Tiere geht, die in enger Beziehung zum Menschen leben, und wo eine lange Traditionsgeschichte ein potenzielles Hindernis für die Anwendung neuer Einsichten sowohl in die tägliche Interaktion als auch im Forschungskontext darstellt – z. B. in Bezug auf Pferde in der Pferd-Mensch-Beziehung. Das oberste Ziel unserer Ausführungen ist es, die mögliche Beeinflussung von menschlichen Glaubenssystemen innerhalb der angewandten Ethologie in Bezug auf Pferde zu erklären.
Die Kognition von Pferden wurde durch den Evolutionsprozess geprägt, sowohl durch die

Umweltherausforderungen als auch durch die arteigene komplexe soziale Dynamik. Daraus resultieren starke soziokognitiven Charakteristika. Das Verständnis dieser Eigenschaften sollte für den Menschen die Grundlage jeder Interaktion mit Pferden sein, beginnend damit, deren soziales Bedürfnis nach einem affiliativen Umfeld zu akzeptieren, wann immer sie unbekannte Interaktionen mit Menschen unternehmen. Das heißt zuallererst, die Auswirkungen von Trainingstechniken zu verstehen, da sie die kognitiv-relationalen Fähigkeiten reduzieren können und die Verhaltensausdrücke in der Beziehung zum Menschen stören, weil sie auf einem hierarchischen Interaktionsprinzip beruhen. Für die eigene Lebensqualität und ein ethisches Miteinander mit dem Menschen sollte es Pferden möglich sein, aktiv an einer soziokognitiven Umwelt teilzuhaben, und sich bei gemeinsamen Erfahrungen der partnerschaftlichen Unterstützung des Menschen sicher sein.

Das bedeutet, dass wir in der täglichen Praxis die soziokognitiven Fähigkeiten des Pferdes, die auf affiliativen Äußerungen basieren, wie etwa kognitive Karten zu erstellen, nach Informationen zu suchen, Wissen zu verarbeiten, einer eigenen inneren Motivation zu folgen, Emotionen oder Absichten auszudrücken, Probleme zu lösen, sich bei Veränderungen anzupassen und vor allem Beziehungen aufzubauen, berücksichtigen sollten. All diese Elemente bilden den Kern jedweder Erfahrung und schließen die Annahme aus, dass ein Pferd trainiert und konditioniert werden sollte. Diese Ausgangsbedingungen werden im soziokognitiven Modell aufgegriffen, bei dem die affiliativen und kognitiven Fähigkeiten von Tieren eine zentrale Stelle einnehmen, da sie bei der Entwicklung einer wechselseitigen Pferd-Mensch-Beziehung, für beide Seiten eine positive, gemeinsame Erfahrungen ermöglichen.

> *„Pferdekognition und Subjektivität in der Pferd-Mensch-Beziehung verstehen, für ein ethisches Zusammenleben und für Lebensqualität"*
>
> Konferenz der International society for AnthroZoology,
> Wien, Österreich, Juli 2014

In den letzten Jahrzehnten fanden Studien zur Tier-Mensch-Beziehung ein wachsendes Publikum, das nach einem besseren Verständnis strebt, nach positiver Interaktion und deren Anwendung bei der Entwicklung von Aktivitäten zwischen Tier und Mensch. Gleichzeitig bieten Studien der Pferdewissenschaften zunehmende Evidenz und sorgen für immer klarere Definitionen bezüglich des Wohlergehens und Wohlbefindens von Pferden – so etwa im Hinblick auf die Bedeutung von sozialem Lernen und anderen kognitiven Fähigkeiten. Herkömmliche Interaktionsmodelle erzeugen jedoch immer noch einen Filter, der auf das praktische Verständnis der Pferdekognition in der alltäglichen Interaktionen zwischen Pferden und Menschen Einfluss nimmt, da das Interaktionsprotokoll immer noch hauptsächlich auf den Dominanztheorien und auf einer anthropozentrischen Perspektive basiert. Das Ergebnis ist, dass die Pferd-Mensch-Interaktion Trainingsmethoden beinhaltet, die eine aktive Zusammenarbeit ermöglichen, aber selten riskieren, genau das zu erreichen, wonach man sucht – nämlich eine Beziehung, die auf Verstehen fußt. Wie schon erläutert, ist das Pferd ein soziokognitives Tier, dessen Wahrnehmung durch den evolutionären Prozess geformt wurde. Das Verständnis dieser Eigenschaften sollte für den Menschen die Grundlage jeder Interaktion mit Pferden sein, beginnend damit, deren soziales Bedürfnis nach einem affiliativen Umfeld zu akzeptieren, wann immer sie unbekannte Interaktionen mit Menschen unternehmen. Das bedeutet zunächst, jede Form von stereotypen Trainingstechniken zu vermeiden, da deren Auswirkungen die kognitive Fähigkeiten und das Verhalten eines Pferdes in seiner Beziehung zum Menschen stören.

Aufgrund von Tradition und Kultur und unserer leistungsorientierten Gesellschaft ist es ist ein soziokognitiver Ansatz, bei dem die Beziehung nicht auf der Annahme basiert, dass das Pferd Befehlsempfänger ist oder Objekt und bei dem das Hauptaugenmerk nicht auf unmittelbaren Ergebnissen liegt, sowohl schwer zu akzeptieren als auch anzuwenden. Die kognitiven Fähigkeiten zu bewahren und zu berücksichtigen spielt eine wichtige Rolle bei der Vermeidung von Spannungen, sowohl beim Pferd als auch in der Pferd-Mensch-Interaktion. Es bedeutet, die Fähigkeit des Pferdes anzuerkennen: zu denken, nach Informationen zu suchen, diese zu erarbeiten und zu verarbeiten, der eigenen inneren Motivation zu folgen, Emotionen oder Absichten auszudrücken, Probleme zu lösen, sich an veränderte Gegebenheiten anzupassen und vor allem Beziehungen aufzubauen, die auf affiliativen Interaktionen basieren. All diese Elemente bilden den Kern jeder Erfahrung, und jedes Element bildet eine eigene Erfahrung, die weit über die Vorstellung hinausgeht, dass ein Pferd trainiert und konditioniert werden muss. Kurz gesagt, für ihr Wohlergehen und damit der Umgang des Menschen mit ihnen ethischen Vorstellungen entsprechen kann, sollte Pferden die Möglichkeit gegeben werden, sich aktiv an einem soziokognitiven Umfeld zu beteiligen, aus eigener innerer Motivation Initiative zu ergreifen, sich explorativ auszudrücken und affiliatives Verhalten zu zeigen, all dies mit dem Menschen als Partner für gemeinsame Erfahrungen.

Diese Ausgangsbedingungen werden im soziokognitiven Modell aufgegriffen, bei dem die kognitiven Fähigkeiten von Tieren im Mittelpunkt stehen. Es erlaubt uns, Tiere als „andere Lebewesen" zu sehen und zu verstehen, als Subjekte, als auf eine andere Art und Weise kognitiv und daher in der Lage, einen referentiellen Beitrag zu leisten. Bei der Entwicklung einer wechselseitigen Beziehung und eines soziokognitiven Kontextes, in dem Pferde zusammenleben und Erfahrungen austauschen, liegt das Hauptaugenmerk auf der Fähigkeit des Pferdes, selbst (latente) Lernerfahrungen aufzubauen, die ein bereicherndes Lebensumfeld für das Pferd schaffen, sowohl mit anderen Pferden als auch in Beziehung zum Menschen. Der Paradigmenwechsel für das Pferd konzentriert sich auf die Fähigkeit, Elemente zu definieren, die zu einer gesunden Beziehung zwischen Pferden und Menschen beitragen. Sie beschäftigt sich außerdem mit der Definition von kognitiven Kontexten und der Fähigkeit, Bewusstsein zu schaffen, das die Forschung anregt, ihr Interesse auf verschiedene Elemente der Beziehungsdynamik und Indikatoren für Wohlbefinden zu erweitern.

> *Das spontane Pferd: Verstehen, wie man das Pferd ohne Erwartungen betrachtet.*
>
> Erstveröffentlichung in Relations, Juni 2014, www.ledonline.it/Relations

Pferde werden oft als ängstliche und unberechenbare Tiere angesehen. Dabei ist es die Angst des Menschen, dass sie sich ausdrücken könnten, weil wir davon überzeugt sind, dass dies gefährlich sein könnte für das Pferd selbst oder für beteiligte Menschen, der Faktor, der sie zu ängstlichen und unberechenbaren Tieren macht. Sie verursacht einen seltsamen Teufelskreis. Die Angst, von einem Pferd gebissen zu werden etwa, verleitet uns dazu, die Köpfe von Pferden, wenn diese über ihre Nüstern oder Lippen versuchen, uns zu verstehen, einfach wegzuschieben. Das Wegschieben (oder noch härtere Massnahmen) verwandelt die Absicht des Verstehens in eine angespannte Situation des Missverständnisses aus der Sicht des Pferdes.

Aus dem gleichen Grund verweigern wir Pferden oft ihr natürliches Sozialverhalten. In unserer Gesellschaft leben Pferde zu oft in sozialer Isolation, sodass sie sich nicht durch soziales Verhalten ausdrücken können. Heute wissen wir alle, dass eine solche Haltung nicht ideal ist, und doch leben viele Pferde weiterhin so. Sie lernen, ein Leben zu führen, in dem sie auf menschliche Befehle warten und vergessen, dass sie ihre eigenen Absichten und einzigartigen Interessen haben. Aber selbst wenn sie mit anderen Pferden zusammenleben, sind Gruppenzusammenstellungen oft nicht dauerhaft, können die Familie nicht ersetzen und sind nicht einmal familienähnlich. Mit ständig wechselnder Dynamik in der Gruppe, beschränken sich Interaktionen oft auf defensives Verhalten, anstatt Vertrauen in die Herdengefährten zu entwickeln, um sich mit ihnen in ihrer natürlichen kognitiven Art und Weise auszutauschen – z. B. durch Zugehörigkeitsverhalten, wie sich als Herde zu bewegen oder sich gegenseitig proaktiv zu berücksichtigen. Was Menschen oft wahrnehmen, sind reaktive Verhaltensweisen – z. B. Dominanz/Führungsdynamik – die in familiären oder familienähnlichen Gruppen nur in seltenen Fällen und nicht im zufälligen, täglichen Ablauf vorkommen. Soziale Verhaltensweisen sind subtile, kleine Gesten und oft kaum sichtbare Verhaltensweisen, die eine wichtige Bindungsfunktion für eine Herde haben. Sie sind viel mehr als das gegenseitige Beknabbern, das übrigens als Verhalten auch Teil des Versuchs sein kann, Spannungen abzubauen. Zu den sozialen Verhaltensweisen gehört z. B., sich gegenseitig und die Herdendynamik zu beobachten, der Fernblick beim Grasfressen, Verhalten, das potenziellen Konfliken vorgeschaltet wird, um Spannungen zu vermeiden und sich gegenseitig zu beschnuppern, um sich und bestimmte Situationen besser zu verstehen. Eine weitere sehr wichtige Gruppe spontaner Verhaltensweisen ist die des investigativen und explorativen Verhaltens, das grundlegend ist für die richtige Entwicklung kognitiver Funktionen. Menschen verwenden oft Techniken, Methoden und Werkzeuge, die dem Pferd die Möglichkeit nehmen, seinen Bezugskontext, wie etwa andere Pferde, den Menschen oder sich selbst, zu erkunden. Z. B. können wir vom Pferd erwarten, uns seine Aufmerksamkeit zu schenken, anstatt ihm die Möglichkeit zu geben, Dinge zu erforschen, um sie und die Situation, in der sich das Pferd befindet, zu verstehen. Auch einige Pferdepflegemaßnahmen, wie etwa das Rasieren der Tasthaare, berauben das Pferd der Möglichkeit, seine Welt in geeigneter Weise zu erkunden, da die Tasthaare wichtige sensorische Rezeptoren sind. Dies induziert Stress bei gleichzeitiger Minderung des Wohlergehens. Spontane Verhaltensweisen sind für das Pferd wichtig, um einen kognitiven Dialog zu entwickeln. Pferde, die an reaktives/defensives Verhalten gewöhnt sind (oft in Verbindung mit der Unterdrückung spontaner Verhaltensweisen), zeigen Spannung in ihrem Verhalten, auch in sehr kleinen Gesten, und sorgen bei uns, den Menschen, für innere Anspannung, obwohl wir das nicht immer bewusst wahrnehmen. Die Reduzierung des spontanen Verhaltens geschieht häufig während der Erstausbildung junger Pferde. In diesen Augenblicken lernen Pferde, ihr natürliches spontanes Verhalten zu reduzieren, damit ihr Verhalten sich funktional für menschliche anthropozentrische Vorstellungen und Anforderungen verbessert. Wird in diesen Momenten operante Konditionierung angewendet (mit negativer oder positiver Verstärkung), reduziert dies drastisch das spontane Verhalten und damit auch das Pferdewohlergehen. Die reaktiven Verhaltensweisen, die stattdessen trainiert werden, werden allzu oft verwechselt mit frei wählbarem Verhalten in der menschlichen Interaktion. Beispielsweise, hat es nichts mit freien Entscheidungen zu tun, wenn das Pferd auf dem Paddock in der Erwartung einer Belohnung in Form von Futter zum Menschen kommt. Es hat auch nichts mit freien Entscheidungen zu tun, einem Menschen mit durch Befehle erzeugten Verhaltensweisen zu folgen. Das Pferd zeigt Makroverhalten, das uns aus anthropozentrischer Sicht gefällt, aber gleichzeitig Mikrosignale von internen Konflikten zeigt. An einer authentischen Beziehung zu arbeiten und sich ihrer bewusst zu sein, ist sehr wichtig, um Beziehungen und Schulungsfähigkeiten weiterzuentwickeln, die Menschen lernen helfen, eine echte und gesunde Interaktion mit Pferden zu verfolgen. Im Zooanthropologischen Ansatz, insbesondere bei der Arbeit als Schulungsleiter in der Pferd-Mensch Interaktion, ist es von grundlegender Bedeutung, dem Pferd die Möglichkeit zu geben, seine eigene Welt zu erkunden und sich spontan zu verhalten. Wenn wir als Menschen das Pferd achten und ihm Raum geben, sich zu äußern, initiieren wir eine artenübergreifende Beziehung. Lernen, neugierig und offen zu sein für die Äußerungen des anderen, ohne sich selbst aufzugeben, und verstehen, wie man eine aktive Verbindung zur Welt und sich selbst aufbaut, ist grundlegend für solide sozial-emotionale Erfahrungen in einer Gesellschaft, in der das Hauptaugenmerk eher auf Leistung als auf Beziehungen liegt. Beide Seiten - Pferd und Mensch - sollten genug Raum finden, um ihre innere Motivation zu verstehen, anstatt mit gewünschtem Verhalten aus dem Kontext zu reagieren, in dem wir leben.

Learning Animals erklärt, wie der Paradigmenwechsel Pferden die Möglichkeit gibt, ihre eigene mentale Landkarte als soziale Landkarte, als Lernkarte und als Pferd-Mensch-Beziehungskarte zu erstellen. Dies ermöglicht Pferden, ihre eigenen geistigen und körperlichen Fähigkeiten zu nutzen, ohne konditioniert zu werden, da Verhalten Ausdruck eines Geisteszustandes ist und nicht das Ergebnis direkter automatischer äußerer oder innerer Reize. Achtung, Bewusstsein, Entspannung, Kontakt und soziale Interaktion sind Schlüsselwörter einer spontanen Interaktion.

Quellennachweis

Aureli F., De Waal F. (a cura di), Natural Conflict Resolution, Berkeley, University of California Press, 2000.

Bach R., Jonathan Livingston Seagull, a Story, London, Turnstone Press, 1972.

Baer K.L., Beaver B.V., Friend T.H., Potter G.D., Observation Effects on Learning in Horses, in Applied Animal Ethology 11, 1983, pp. 123-129.

Balda R.P., Kamil A.C., Pepperberg I.M. (a cura di), Animal Cognition in Nature, San Diego/London, Academic Press, 1998.

Baker A.E.M., Crawford B.H., Observational Learning in Horses, in Applied Animal Behaviour Science 15, 1986, pp. 7-13.

Baragli P., De Giorgio F., Mariti C., Petri L., Sighieri C., Does Attention make the Difference? Horses' Response to Human Stimulus after 2 Different Training Strategies, in Journal of Veterinary Behavior 6, 2011, pp. 31-38.

Baragli P., Paoletti E., Reddon A.R., Sighieri C., Vitale V., Detour Behavior in Horses (Equus caballus), in Journal of Ethology 29, 2011, pp. 227-234.

Bekoff M., Social play: Structure, Function and the Evolution of a Cooperative Social Behavior, in Burghardt G.M., Bekoff M. (a cura di), Development of Behavior: Comparative and Evolutionary Aspect, New York, Garland STMP Press, 1978, pp. 367-383.

Bekoff M., Cognitive Ethology, Vigilance, Information Gathering, and Representation: Who might know what and why? in Behavioural Processes 35, 1996, pp. 225-237.

Bekoff M., Allen C., Species of Mind: The Philosophy and Biology of Cognitive Ethology, Cambridge MA, MIT Press, 1997.

Benjafield J.G., Cognition, Oxford, Oxford University Press, 2006.

Bono G., De Mori B., Il confine superabile. Animali e qualità della vita, Roma, Carocci editore, 2011.

Castricano J., Animal Subjects: An Ethical Reader in a Posthuman World, Waterloo On, Wilfrid Laurier University Press, 2008.

Clarke J.V., Nicol C.J., Jones R., McGreevy P.D., Effects of Observational Learning on Food Selection in Horses in Applied Animal Behaviour Science 50, 1996, pp. 177-184.

Clutton-Brock J., Domesticated Animals, from Early Times, London, Heinemann/British Museum of Natural History, 1981.

Damasio A.R., Descartes' Error: Emotion, Reason, and Human Brain, New York, Penguin Books, 1994.

Darwin C., The Expression of the Emotions in Man and Animals, London, John Murray, 1872.

De Giorgio F., Dizionario bilingue Italiano/Cavallo – Cavallo/Italiano, Casale Monferrato, Sonda Editore, 2010.

De Giorgio F., Schoorl J., Why Isolate during Training? Social Learning and Social Cognition applied as Training Approach for Young Horses (Equus caballus), in Proceedings International Equine Science Meeting, March 16th-19th 2012.

De Giorgio F., Schoorl J., Palandri L., Saviani G., Tonarelli E., Equine Social Cognition; Differences in the Social Exploratory Process comparing Free-Roaming and Domestic Horses, in Proceedings Winter Meeting "Cognition in the Wild", Association for the Study of Animal Behaviour, 2012.

Devenport J.A., Patterson M.R., Devenport L.D., Dynamic Averaging and Foraging Decisions in Horses (Equus caballus), in Journal of Comparative Physiological Psychology 119, 2005, pp. 352-358.

De Waal F., The Age of Empathy: Nature's Lessons for a Kinder Society, New York, Three Rivers Press, 2010.

De Waal F., Ferrari P.F., The primate mind: Built to Connect with Other Minds, Cambridge MA, Harvard University Press, 2012.

Donaldson S., Kymlicka W., Zoopolis: A Political Theory of Animal Rights, Oxford, Oxford University Press, 2011.

Galef B.G., Imitation in Animals: History, Definition and Interpretation of Data from the Psychological Laboratory, in Zentall T.R., Galef B.G. (a cura di), Social Learning: Psychological and Biological Perspectives, Hillsdale, Erlbaum, 1988, pp. 3-28.

Goodall J., Berman P., Reason of Hope: A Spiritual Journey, New York, Grand Central Publishing, 2000.

Gould, J.L., Ethology: The Mechanisms and the Evolution of the Behaviour, New York, W.W. Norton & Company, 1982.

Gould S.J., Wonderful life. The Burgess Shale and The Nature of History, New York, W.W. Norton & Company, 1989.

Grandin T., Johnson C., Animals Make Us Human: Creating the Best Life for Animals, Boston, Houghton-Mifflin Harcourt, 2010.

Griffin D.R., Animal Minds: Beyond Cognition to Consciousness, Chicago, University of Chicago Press, 2001.

Hare B., Call J., Agnetta B., Tomasello M., Chimpanzees Know what Conspecifics Do and Do not See, in Animal Behaviour 59, 2000, pp. 771-758.

Hare B., Call J., Tomasello M., Do Chimpanzees Know what Conspecifics Know? Animal Behaviour 61, 2001, pp. 139-151.

Hausberger M., Henry S., Roche H., Visser E.K., A Review of the Human-Horse Relationship, in Applied Animal Behaviour Science 109, 2008, pp. 1-24.

Heyes C.M., Social Learning in Animals: Categories and Mechanisms, in Biological Review, 69, 1994, pp. 207-231.

Heitor F., Oom M.M., Vicente L., Social Relationships in a Herd of Sorraia Horses. Part I. Correlates of Social Dominance and Contexts of Aggression, in Behavioural Processes 73, 2006a, pp. 170-177.

Heitor F., Oom M.M., Vicente L., Social Relationships in a Herd of Sorraia Horses. Part II. Factors Affecting Affiliative Relationships and Sexual Behaviours, in Behavioural Processes 73, 2006b, pp. 231-239.

Jackson J., Horse Owners Guide to Natural Hoof Care, Harrison AR, Star Ridge Publishing, 2002.

Kiley-Worthington M., Cooperation & Competition – A Detailed Study of Communication and Social Organisation in a Small Group of Horses at Pasture, in Eco Research Centre Pub. 21, 1997.

Kiley-Worthington M., A Comparative Study of Equine and Elephant Mental Attributes Leading to an Acceptance of their Subjectivity and Consciousness, in Journal of Consciousness 2, 2011, num. 1.

Krueger K., Behaviour of Horses in the "Round pen technique", in Applied Animal Behaviour Science 104, 2007, pp. 116-140.

Laland N.K., Social Learning Strategies, in Learning & Behavior 32 (1), 2004, pp. 4-14.

Le Doux J., The Emotional Brain: The Mysterious Underpinnings of Emotional Life, New York, Simon & Schuster, 1998.

Lévi-Strauss C., Il Pensiero Selvaggio, Milano, Il Saggiatore, 2010.

Lovari S., Etologia di campagna, Torino, Universale Scientifica Boringhieri, 1980.

Mainardi D., La scelta sessuale, Torino, Universale Scientifica Boringhieri, 1975.

Mainardi D., Dizionario di Etologia, Torino, Einaudi, 1992.

Mainardi D., Nella mente degli animali, Milano, Cairo Editore, 2006.

Manning A., On the Origins of Behaviour. New Scientist, February 10th 1996.

Marchesini R., Il concetto di soglia, Roma, Theoria, 1996.

Marchesini R., Post-Human, Torino, Bollati Boringhieri, 2002.

Marchesini R., Fondamenti di Zooantropologia, Bologna, Alberto Perdisa Editore, 2005.

Marchesini R., Modelli cognitivi e comportamento animale, Venafro, Edizioni Eva, 2011.

Mariti C., Baragli P., De Giorgio F., Gazzano A., Basile C., Sighieri C., Influence of Training Methods on Horse Behaviour, VII Italian Veterinary Physiology Conference, 2007.

Mech D.L., Whatever Happened to the Term Alpha Wolf? in International Wolf Magazine, Winter 2008 (on line).

Miklosi A., Dog Behaviour, Evolution and Cognition, Oxford, Oxford University Press, 2007.

Murphy J., Arkins S., Equine Learning Behaviour, in Behavioural Processes 76, 2007, pp. 1-13.

Nicol C.J., 1996. Farm Animal Cognition, in Journal of Animal Science 62, 1996, pp. 375-391.

Nicol C.J., Equine Learning: Progress and Suggestions for Future Research, in Applied Animal Behaviour Science 78, 2002, pp. 193-208.

Proops L., McComb K., Cross-Model Individual Recognition in Domestic Horse (Equus caballus) Extends to Familiar Humans, Proceedings of the Royal Society B, 2012.

Radford A.N., Preparing for Battle? Potential Intergroup Conflict Promotes Current Intragroup Affiliation, in Biology Letters 7, 2011, pp. 26-29.

Reed P., Skiera F., Adams L., Heyes C.M., Effects of Isolation Rearing and Mirror Exposure on Social and Asocial Discrimination Performance, in Learning and Motivation 27, 1996, pp. 113-129.

Regan T., Empty Cages: Facing the Challenge of Animal Rights, Lanham MD, Rowman and Littlefield, 2004.

Rivera E., Benjamin S., Nielsen B., Shelle J. & Zanella A.J., Behavioral and Physiological Responses of Horses to Initial Training: the Comparison between Pastured Versus Stalled Horses, in Applied Animal Behaviour Science 78, 2002, pp. 235-252.

Rizzolatti G., Sinigaglia C., Mirrors in the Brain: How Our Minds Share Actions, Emotions, and Experience, Oxford, Oxford University Press, 2008.

Rollin B.E., The Unheeded Cry: Animal Consciousness, Animal Pain and Science, New York, JohnWiley & Son, 1998.

Rollin B.E., Science and Ethics, Cambridge, Cambridge University Press, 2006.

Sax B., Animals in the third Reich, New York/London, Continuum Books, 2000.

Shepard P., The Others: How Animals Made Us Human, Washington DC, Island Press, 1995.

Shepard P., Coming Home to the Pleistocene, Washington DC, Island press/Shearwater Books, 2004.

Shettleworth S.J., Animal Cognition and Animal Behaviour, in Animal Behaviour 61, 2001, pp. 277-286.

Singer P. 2001. Animal Liberation, New York, Ecco Press, 2001.

Sondergaard E., Ladewig J., Group Housing Exerts a Positive Effect on the Behaviour of Young Horses During Training, in Applied Animal Behaviour Science 87, 2004, pp. 105-118.

Swedell L., Affiliation Among Females in Wild Hamadryas Baboons, in International Journal of Primatology 23, 2002, pp. 1205-1226.

Vygotskij L.S., Mind in Society, Cambridge MA, Harvard University Press, 1978.

Waran N.K., Casey R., Horse Training in D.S. Mills, S.M. Mc Donnell (a cura di), The Domestic Horse: the Origins, Development and Management of its Behaviour, Cambridge, Cambridge University Press, 2005, pp. 184-195.

Wolfe C., Animal Rites: American Culture, the Discourse of Species, and Posthumanist Theory, Chicago/London, University Of Chicago Press, 2003.

Stichwortregister

A
Absetzen von Fohlen 28, 29
Aggression 147
Alterität 39
Ansätze 120, 139
Antispeziesismus 11, 126, 135

B
Balda 24, 145
Belohnungen 22, 78, 81
Beschwichtigende Verhaltensweisen 74
Bewusstsein 9, 11, 13, 14, 15, 24, 27, 29, 32, 36, 39, 45, 52, 59, 62, 74, 77, 82, 85, 94, 101, 126, 136, 138, 139, 141, 143
Beziehungen 10, 14, 15, 25, 29, 36, 39, 45, 51, 55, 62, 66, 68, 71, 74, 77, 92, 93, 97, 108, 112, 120, 121, 125, 135, 138, 140, 141, 143

D
De Giorgio 9, 15, 43, 80, 135, 145, 146, 148
De Giorgio-Schoorl 9, 136
Descartes 33, 138, 145
Desensibilisierung 62, 82
Druck 4, 7, 28, 29, 30, 42, 45, 47, 51, 65, 68, 74, 79, 82, 102, 124, 129

E
Eliot 104
Entspannung 78, 82, 143
equine Emanzipation 126
Erwartungen 14, 15, 29, 36, 39, 62, 72, 73, 96, 97, 99, 101, 102, 105, 106, 107, 108, 109, 112, 120, 124, 125, 137, 141
Ethik 120, 126, 135
Evolution 11, 20, 52, 129, 145, 146, 148

F
Fohlen 23, 28, 29, 36, 48, 59, 63, 97, 99
Führung 14, 51, 56, 57, 62, 68, 97
Futterlob 77, 79, 81

G
Gegenseitiges Verständnis 116
Geruch 65, 99, 110, 111, 128
Gruppendynamik 35

H
Halfter 20, 21, 25, 36, 40, 59, 71, 85, 93, 97, 99, 100, 124
Herdendynamik 14, 142
Holmes 113
Hunde 9, 79, 124, 135

K
Kamil 24, 145
Kant 33
Katzen 79, 124
Kognition 7, 11, 14, 18, 22, 23, 24, 25, 27, 28, 29, 36, 77, 99, 100, 106, 121, 124, 126, 130, 135, 136, 139
Konditionierung 7, 9, 28, 62, 66, 67, 69, 71, 73, 75, 77, 79, 81, 82, 83, 85, 124, 126, 138, 139, 143
Konfliktvermeidung 24

L
Learning Animals 4, 7, 9, 56, 77, 78, 103, 130, 135, 136, 143
Lernen 9, 27, 77, 85, 97, 100, 108, 115, 120, 124, 129, 140, 143

M
Motivation 14, 15, 19, 24, 39, 42, 71, 82, 92, 118, 120, 121, 137, 140, 141, 143, 148
Musik 87, 93

N
Nachahmung 116
Natural Horsemanship 68
Neugier 38, 42, 74, 85, 89, 90, 93, 97, 101, 112, 115, 116, 123, 125, 129

P
Peppenberg 24
Positive Verstärkung 81
Projektionen 14, 108

R
Reiten 121
Reitschulen 42
Ruhe 21, 45, 78, 96, 99, 121

S
Scheuen 30
schwarze Ethologie 57
seelenlose Maschinen 33
Sinne 15, 62, 79, 85, 100, 101, 115, 125, 126
soziale Isolation 28, 29, 71
Soziokognitiv 11
soziokognitive 7, 15, 20, 39, 85, 94, 95, 97, 99, 101, 103, 115, 118, 121
Spannung 18, 32, 48, 62, 74, 82, 128, 130, 143
Speziesismus 11, 123
Subjektivität 61, 62, 109, 126, 139, 140

T
Training 9, 20, 45, 62, 72, 79, 82, 85, 89, 138, 145, 146, 148, 149

U
Umgebung 13, 15, 19, 20, 24, 25, 27, 28, 29, 32, 35, 36, 37, 42, 45, 51, 60, 65, 66, 74, 79, 82, 100, 109, 112, 121, 139
Umwelt 13, 19, 51, 79, 112, 124, 140

V
Veränderung 7, 35, 36, 37, 39, 43, 45, 120, 129
Verständnis 1, 9, 10, 13, 14, 15, 19, 22, 27, 33, 35, 39, 42, 45, 47, 49, 51, 55, 79, 81, 99, 101, 102, 116, 118, 119, 120, 121, 126, 128, 136, 138, 139, 140, 141
Vorstellungen 35, 99, 129, 141, 143
Vorurteile 42, 71

W
Wachstum 9, 24, 32, 94, 96, 97, 100, 126, 129
Wahrnehmung 11, 13, 15, 19, 22, 24, 27, 29, 33, 36, 40, 45, 57, 61, 64, 71, 79, 81, 101, 109, 111, 112, 116, 136, 140
Wohlergehen 77, 141
Wolfsrudel 66

Z
Zoomimesis 115, 116

BUCHTIPP

Christin Krischke
Du entscheidest!
Reiten mit gutem Gewissen

24 x 27 cm, ca. 100 Abbildungen, gebunden mit Schutzumschlag
224 Seiten

ISBN: 978-3-8404-1059-8

49,95 €

Auch als eBook erhältlich!

„Nur wer die Vergangenheit kennt, hat eine Zukunft" …

… wird der preußische Universalgelehrte Wilhelm von Humboldt gerne in der Fürstlichen Hofreitschule in Bückeburg zitiert. Ob in den 4000 Jahren, die auf der Welt bereits ohne „Trabverstärkungen" und „Vorwärts-Abwärts" geritten und dabei wirklich so viel falsch gemacht wurde, wie der moderne Dressursport es heute glauben machen will, nimmt Christin Krischke, Mitbegründerin und Direktorin von Deutschlands einziger Hofreitschule, unter die Lupe. Seit über 25 Jahren erforscht sie mit ihrem Mann Wolfgang die Hintergründe historischer Reiterei im Feldversuch, am lebenden Pferd. Mit Historikern, Museumskuratoren und experimentelle Archäologen stellen sie vergessene Übungen, Ausrüstungen und Begebenheiten nach und bringen die erstaunlichsten und einleuchtendsten Erklärungen zutage. Wissen, das die moderne Reiterei auf den Kopf zu stellen vermag.

Auf das durch die Weltkriege entstandene Vakuum an Reitwissen, das sich bis heute in den Köpfen der Funktionäre, Sportreiter und Freizeitreiter fortpflanzt, zielt die Kritik der Autorin ab.
In der Historie und Entwicklung der Beziehung zwischen Pferd und Mensch liegen alle Informationen und das „Handwerkszeug", um pferdegerecht reiten zu können. Ermutigende Aussichten für eine Reiterei, die sich vor siebzig Jahren von allem Althergebrachten abnabelte, um heute zu einer 5 Milliarden Euro schweren Industrie auszuufern. Neben allen kritischen Worten zu den Konventionen des Reitsports, bietet Christin Krischke dem Leser solide belegte Alternativen im Bezug auf Umgang, Methoden, Ausrüstung und Reiterei an, die dem denkenden Reiter die Entscheidungsfreiheit zurückgeben, und das nötige Hintergrundwissen, um die Entscheidungen guten Gewissens verantworten zu können.

Du entscheidest,
  … wozu Dein Pferd Dir dienen soll
  … wer über Dich entscheiden darf
  … ob Reiten Dich glücklich machen darf
  … ob Dein Pferd Sklave oder Freund ist
  … wieviel Schmerz Du vertreten kannst
  … ob Reiten bequem sein darf
  … wie lange Dein Pferd gesund bleibt
  … wem Du Glauben schenken willst
  … von wem Du lernen willst

CADMOS in **CADMOS** Verlag   **www.cadmos.de**
Cadmos Verlag GmbH | Englmannstraße 2 | D-81673 München | Tel. +49 (0)89 451 08 51-0 | vertrieb@cadmos.de